Muthulakshmi Murugiah
Devrajan K.

Gestão do nemátodo do nó da raiz na amoreira

Muthulakshmi Murugiah
Devrajan K.

Gestão do nemátodo do nó da raiz na amoreira

Um estudo exclusivo no Sul da Índia

ScienciaScripts

Imprint

Any brand names and product names mentioned in this book are subject to trademark, brand or patent protection and are trademarks or registered trademarks of their respective holders. The use of brand names, product names, common names, trade names, product descriptions etc. even without a particular marking in this work is in no way to be construed to mean that such names may be regarded as unrestricted in respect of trademark and brand protection legislation and could thus be used by anyone.

Cover image: www.ingimage.com

This book is a translation from the original published under ISBN 978-620-2-06640-2.

Publisher:
Sciencia Scripts
is a trademark of
Dodo Books Indian Ocean Ltd. and OmniScriptum S.R.L publishing group

120 High Road, East Finchley, London, N2 9ED, United Kingdom
Str. Armeneasca 28/1, office 1, Chisinau MD-2012, Republic of Moldova, Europe
Printed at: see last page
ISBN: 978-620-7-90991-9

ÍNDICE

RESUMO

Foram efectuadas investigações sobre vários aspectos, *nomeadamente,* a estimativa da perda de rendimento evitável devido a *Meloidogyne incognita,* a gestão biológica de *M. incognita* na amoreira e o complexo de doenças que envolve *M. incognita* e *Macrophomina phaseolina* no Departamento de Nematologia, Universidade Agrícola de Tamil Nadu, Coimbatore e a gestão biológica de *M. incognita* na amoreira em explorações agrícolas em Thondamuthur.

As plantas tratadas com carbofurano 3G @ 1 kg a.i./ha na experiência sobre a perda de rendimento evitável devido a *M. incognita* na amoreira mostraram melhorias no crescimento das plantas com maior rendimento foliar. A perda de rendimento evitável devido a *M. incognita* foi avaliada como 16,05 por cento na amoreira.

A cultura em vaso (variedades V1 e S36) e a experiência de campo (variedade V1) conduzidas para a avaliação da eficácia dos agentes de biocontrolo *viz, Pseudomonas fluorescens* e *Trichoderma viride,* contra o nemátodo dos nós radiculares, *M. incognita* em amoreira revelou que o uso da combinação de *P. fluorescens* (@ 10 g/planta) + *T. viride* (@ 10 g/planta) como aplicação no solo foi eficaz para controlar a doença do nemátodo dos nós radiculares e para melhorar o crescimento da amoreira com aumento do rendimento foliar, aumento da humidade, proteína, azoto, teor de clorofila e redução da população de nemátodos. A aplicação no solo de *P. fluorescens* (@ 5 g/planta) + *T. viride* (@ 5 g/planta) também registou um aumento do crescimento das plantas, da humidade, das proteínas, do azoto, do teor de clorofila e reduziu a população de nemátodos em comparação com o controlo, seguido de *P. fluorescens* @ 10 g/planta + *T. viride* @ 10 g/planta. O tratamento com *P. fluorescens* + *T. viride a* cada 10 g/planta melhorou o peso das larvas do bicho-da-seda, o peso do casulo, o peso da casca e a proporção da casca, que foi igual ao tratamento de *P. fluorescens* + *T. viride* a cada 5 g/planta.

Foram realizadas experiências de cultura em vaso em condições de estufa para a interação de *M. incognita* e *M. phaseolina*. A multiplicação do nemátodo foi afetada negativamente quando o fungo foi inoculado antes do nemátodo, em comparação com outros tratamentos. A inoculação simultânea do nemátodo e do fungo, bem como do nemátodo seguido do fungo 15 dias depois, causou a incidência da doença e uma redução significativa no crescimento da planta em comparação com a inoculação apenas do fungo ou a inoculação do fungo antes do nemátodo ou apenas do nemátodo.

CHAPTER I

INTRODUÇÃO

A amoreira (*Morus alba* L.), a única planta de alimentação do bicho-da-seda (*Bombyx mori* L.), é cultivada tanto em países tropicais como em países temperados do mundo. A Índia é o segundo maior país do mundo, com 3,42 lakh hectares de cultivo de amoreira (Govindaiah e Sharma, 1994). Na Índia, devido à prevalência de condições climáticas favoráveis, a amoreira é cultivada principalmente nos Estados de Andhra Pradesh, Jammu e Caxemira, Karnataka, Tamil Nadu, Uttar Pradesh, Bengala Ocidental e Estados do Nordeste. Estes Estados representam coletivamente 97% da área total de cultivo de amoreira e 95% da produção de seda crua no país.

A Índia é o segundo maior produtor de seda do mundo, com uma produção anual de seda de cerca de 16 500 milhões de toneladas. A seda de amora, a variedade mais popular na Índia, contribui com mais de 87% da produção de seda do país. A procura mundial de seda está a aumentar de forma constante e é evidente que a moricultura é uma associada inevitável da sericultura. Nos últimos anos, tem sido dada grande ênfase à produção de seda crua de qualidade superior para competir com o mercado internacional. Para atingir este objetivo, estão a ser desenvolvidos esforços concentrados para aumentar a produção de folhas de amoreira de boa qualidade, o que tem uma influência direta na qualidade e na quantidade da produção de seda crua. Em Tamil Nadu, a amoreira é cultivada quase todo o ano em condições de sequeiro ou de regadio.

Várias pragas e doenças reduzem o valor nutritivo das folhas da amoreira e influenciam o crescimento e o desenvolvimento do bicho-da-seda, o que acaba por conduzir a uma fraca produção de casulos. Os nemátodos parasitas das plantas desempenham um papel importante na redução do rendimento da erva e da qualidade das folhas, para além do tempo de vida das plantas de amoreira. Entre os nemátodos da amoreira, o nemátodo dos nós radiculares, *Meloidogyne incognita,* é economicamente importante, pois afecta a cultura quantitativa e qualitativamente. A doença do nemátodo dos nós radiculares encontra-se em todo o mundo, mas é mais grave nos países tropicais e subtropicais. O nemátodo tem uma vasta gama de plantas hospedeiras e causa danos económicos a muitas culturas agrícolas (Sasser, 1989). A doença manifesta-se pela formação de galhas na raiz, acompanhadas de crescimento atrofiado, clorose e perda de vigor da planta (Babu *et al.*, 1999). Para além de causarem danos directos, também estão envolvidos no complexo de doenças com outros microrganismos e facilitam a entrada de fungos patogénicos semanais e quebram a resistência do hospedeiro (Powell, 1971; Webster, 1985).

A cultura da amoreira afetada pelo nemátodo dos nódulos radiculares tem de ser protegida com estratégias adequadas de gestão dos nemátodos, a fim de maximizar o rendimento das folhas de amoreira e, assim, melhorar a economia dos produtores de amoreira a par de outros produtores de culturas de rendimento. No caso da amoreira, as folhas frescas são dadas como alimento ao bicho-da-seda. Por conseguinte, os resíduos de pesticidas nas folhas de amoreira, após a utilização de nematicidas sistémicos para a gestão dos nemátodos, podem afetar os bichos-da-seda e a sua produção. Por conseguinte, é inevitável optar por uma alternativa aos nematicidas químicos para combater o problema dos nemátodos.

A formulação comercial de agentes de controlo biológico, *nomeadamente Pseudomonas fluorescens* e *Trichoderma viride,* desenvolvida pela Universidade Agrícola de Tamil Nadu, provou ser eficaz contra uma vasta gama de nemátodos em diferentes culturas. Por conseguinte, o presente estudo foi realizado para a gestão do nemátodo dos nós radiculares, *M. incognita,* na amoreira, com os seguintes objectivos

1. Avaliar a perda de rendimento evitável devido a *M. incognita.*

2. Desenvolver uma estratégia de biogestão adequada para a gestão de *M. incognita.*

3. Estudar o efeito do complexo de doenças envolvendo *M. incognita* e *Macrophomina phaseolina* (doença da podridão radicular).

CHAPTER II

REVISÃO DA LITERATURA

A amoreira está associada a vários nemátodos, dos quais o nemátodo dos nós radiculares, *Meloidogne incognita*, é um dos mais graves devido à natureza perene da amoreira e ao hábito endoparasitário do nemátodo. O nemátodo das galhas foi registado em todos os países que praticam a sericultura.

2.1. Perdas de rendimento evitáveis devido ao nemátodo das galhas radiculares

Govindaiah *et al.* (1991) relataram que as larvas do bicho-da-seda que se alimentavam das folhas de plantas infectadas com nemátodos sofriam uma redução significativa na sua proporção de camadas de seda e no peso da glândula da seda, quando comparados com o seu peso corporal. Numa experiência de campo, a perda de rendimento evitável foi estimada em 11,8% devido ao nemátodo das galhas.

Govindaiah e Sharma (1994) estimaram a perda devida ao nemátodo das galhas em 10-12% (rendimento foliar), para além da perda de qualidade das folhas para a alimentação do bicho-da-seda.

Paul *et al.* (1995) também referiram que os danos causados pelo nemátodo das galhas radiculares nas plantas de amoreira resultaram numa redução significativa do crescimento das plantas, do rendimento foliar e do teor de humidade e produziram folhas de qualidade nutricionalmente inferior devido à redução do teor de proteínas.

Sharma *et al.* (1998) estimaram a perda de rendimento em 12,6-13,7 por cento devido ao nemátodo das galhas radiculares em condições de campo. Mohana (2003) referiu que a perda de rendimento evitável devido a *M. incognita* era de 11,4 por cento na amoreira.

2.2. Biogestão do nemátodo dos nós das raízes

Na amoreira, *M. incognita* causa danos muito graves em solos arenosos sob condições de irrigação. A utilização dos nematicidas químicos recomendados é dispendiosa e a sua toxicidade residual persiste nas folhas da amoreira durante mais de 40 dias, além de afetar os microrganismos benéficos do solo. Assim, é desejável gerir o nemátodo das galhas, *M. incognita,* na amoreira através de agentes de biocontrolo. A sensibilização para os riscos da utilização de nematicidas e o tempo necessário para o desenvolvimento de variedades ou cultivares resistentes são os factores que impulsionam a determinação do potencial de biogestão dos nemátodos parasitas das plantas (Jatala, 1986).

2.2.1. *Pseudomonas fluorescens*

Leong (1986) referiu que as pseudomonas fluorescentes tinham a propriedade de formar um complexo férrico-sideróforo que impedia a disponibilidade de ferro para outros microrganismos.

Também opinou que esta condição de inanição de ferro pode impedir a sobrevivência de outros microrganismos no solo.

P. *fluorescens* foi eficaz na supressão da população de *Heterodera avenae, H. cajani, H. zeae* e *M. incognita* em condições *in vitro* (Gokte e Swarup, 1988).

A atividade antagonista de P. *fluorescens* foi provavelmente causada pela alteração bacteriana dos exsudados radiculares que influenciaram o comportamento de eclosão, atração e penetração dos nemátodos (Oostendorp e Sikora, 1989).

Oostendorp e Sikora (1990) referiram que o mecanismo responsável pela redução da penetração pode estar relacionado com a capacidade das bactérias para se envolverem ou se ligarem às lectinas da superfície das raízes, afectando assim o reconhecimento normal do hospedeiro.

A aplicação de P. *fluorescens* como tratamento de imersão de raízes nuas de plântulas aumentou significativamente o crescimento da planta e reduziu a infestação pelo nemátodo do nó da raiz no tomate (Santhi e Sivakumar, 1995).

Em condições de estufa, a imersão das raízes das plântulas com P. *fluorescens* na videira foi eficaz na redução da infestação de *M. incognita* e causou uma redução de 42% nas galhas radiculares (Mani, 1996).

A aplicação de isolados de P. *fluorescens* promoveu o crescimento de mudas de pimenta-do-reino, embora não tenha tido efeito sobre a população de *M. incognita* (Eapen *et al.*, 1997).

Aalten *et al.* (1998) relataram que três estirpes de P. *fluorescens* inibiram a invasão de *Radopholus similis* e *Meloidogyne* spp. em raízes de bananeira, milho e tomate.

A aplicação de P. *fluorescens* no solo da videira reduziu significativamente a gravidade da infeção pelo nemátodo do nó da raiz. O aumento de rendimento foi de 45% e 166% em relação ao controlo nas dosagens de 1 e 4g/vinha, respetivamente (Shanthi *et al.*, 1998).

Aalten *et al.* (1998) referiram que a presença de metabolitos secundários nos filtrados de cultura de P. *fluorescens* era responsável pela ação nematicida.

A colonização agressiva das raízes por P. *fluorescens* e a produção de compostos nematicidas, no caso de muitas rizobactérias, resulta na supressão de juvenis de *M. incognita* (Becker *et al.*, 1998).

Becker *et al.* (1998) e Tian e Riggs (2000) provaram o efeito antagónico dos filtrados de cultura de P. *fluorescens* em ovos e juvenis de *M. incognita*.

A redução na multiplicação de *M. incognita* pelo tratamento com P. *fluorescens* foi relatada em cebola (Corgan *et al.*, 1985) e banana (Jonathan *et al.*, 2000).

As rizobactérias promotoras do crescimento das plantas, tais como *P. fluorescens* e *Bacillus* spp. foram consideradas eficazes contra vários nemátodos parasitas de plantas no arroz (Ramakrishnan *et al.*, 1998) e na banana (Jonathan *et al.*, 2000).

Verma *et al.* (1999) relataram que o tratamento de sementes com *P. fluroescens* @ 10 e 15g/kg de semente reduziu significativamente a infestação de *M. incognita* em tomate.

Henna *et al.* (1999) relataram a atividade nematicida de isolados de *P. fluorescens* contra juvenis e adultos eclodidos de *M. incognita* em tomate. Os níveis de mortalidade de juvenis e adultos de *M. incognita* aumentaram com a concentração mais elevada de células bacterianas (10^5 ,10^8 e $5x10^8$ cfu/ml). A percentagem de formação de galhas e o índice de galhas radiculares diminuíram.

A rizobactéria promotora do crescimento de plantas, *P. fluorescens,* tem sido relatada como eficaz na supressão de *M. incognita* em muitas culturas, *como* tomate (Jonathan *et al.,* 2000), grão-de-bico (Khan *et al.*, 2001) e açafrão (Srinivasan *et al.,* 2001).

Sobita Devi e Pandey (2001) estudaram a aplicação no campo de *P. fluorescens* em grão-de-bico contra *M. incognita* e observaram uma redução significativa na formação de galhas.

A aplicação de filtrado de cultura de *P. fluorescens* em combinação com estrume orgânico foi considerada melhor para melhorar o crescimento das plantas e reduziu as galhas e a multiplicação de *M. incognita* no tomate (Siddiqui *et al.,* 2001).

Cannayane e Rajendran (2001) relataram que os filtrados de cultura de *P. fluorescens* causaram 30,2% de mortalidade de *M. incognita* J2 após 24 horas a uma concentração de 50%.

A aplicação de *P. fluorescens* (cultivada em caldo de nutrientes) aumentou o crescimento e o rendimento do grão-de-bico e reduziu a infeção de *M. incognita*, minimizando o número de galhas por sistema radicular, a produção de massa de ovos e a população do solo (Khan *et al.*, 2001).

Q. fluorescens como tratamento de sementes (1kg/20 kg de sementes) aumentou significativamente o crescimento da planta e reduziu a galha devido a *M. incognita* no quiabeiro (Sobita Devi e Dutta, 2002).

A aplicação de *P. fluorescens* ($20g/m^2$) na altura da sementeira em viveiros de tomate infestados com *M. incognita* resultou num rendimento máximo (64,3%) e numa população mínima de nemátodos (56%) no solo (Jothi *et al.,* 2003).

R. fluorescens como aplicação no solo foi superior a outros tratamentos e a dosagem óptima de *P. fluorescens* também foi fixada em 5g/planta, com capacidade máxima de colonização radicular em duas dosagens diferentes, *ou seja,* 2,5 e 5g/planta, utilizadas para a gestão do nemátodo dos nós radiculares na amoreira (Mohana, 2003).

Anita *et al.* (2004) relataram que o tratamento com *P. fluorescens* induziu a atividade da peroxidase, polifenol oxidase, fenilalanina amónia liase, catalase e quitinase no tomate contra *M. incognita*.

Senthilkumar e Rajendran (2004) relataram que o menor índice de galhas radiculares de 1,8 foi registado em videiras tratadas com FYM (20 kg/vinha) + *P. fluorescens* (100g/vinha) e carbofuran 3G (60 g/vinha) em comparação com o controlo não tratado.

Kalaiarasan *et al.* (2006) relataram que isolados de *P. fluorescens* aumentaram o vigor da planta e reduziram a infestação de nematóides no amendoim. O aumento do peso dos rebentos e das raízes variou de 10,0 a 38,0 por cento e de 26,8 a 41,2 por cento, respetivamente. O tratamento de sementes e a aplicação no solo reduziram o número de galhas/planta e a população de nemátodos/250g de solo variou de 43,0 a 62,8% e de 40,7 a 46,0%, respetivamente, em relação ao controlo.

A aplicação no solo de *P. fluorescens* em *Coleus forskohlii* à taxa de 2,5 kg/ha mostrou um aumento do crescimento das plantas e reduziu a população de nemátodos das galhas tanto no solo como na raiz (Senthamarai *et al.*, 2006).

Jonathan *et al.* (2006) relataram que o tratamento com *P. fluorescens* melhorou significativamente o crescimento da banana e reduziu a infestação do nemátodo do nó da raiz.

Kavitha *et al.* (2007) referiram que *P. fluorescens* (2,5 kg/ha) registou parâmetros de crescimento significativamente mais elevados e uma menor população de nemátodos na beterraba sacarina. Observaram actividades melhoradas de enzimas em raízes de plantas de beterraba tratadas com *P. fluorescens*.

2.2.2. Fungo antagonista *Trichoderma viride*

O filtrado da cultura de *T. viride* afectou a eclosão de juvenis de *M. incognita* (Meenakshi Sharma e Saxena, 1992).

O aumento da concentração do filtrado de cultura de *T. viride* e o período de exposição induziram uma maior inibição da eclosão de ovos, bem como da mobilidade de J2 de *M. incognita* (Samathanam e Sethi, 1994).

A utilização de *T. viride* como agente de controlo biológico tem sido relatada como uma estratégia bem sucedida na gestão do nemátodo das galhas radiculares em várias culturas (Janowicz *et al.*, 1997; Sobita Devi e Hassan, 2002).

Verificou-se que *T. harzianum* e *T. viride* são altamente eficazes contra *M. incognita* que infecta o quiabeiro (Goswami e Singh, 1998).

T. viride reduziu os efeitos nocivos de *M. incognita* e melhorou a germinação do tomateiro (Rekha Arya e Saxena, 1998).

O efeito nematicida de *T. harzianum* e *T. viride* contra *M. incognita* em girassol foi relatado por Sankaranarayanan *et al.* (1999).

Sankaranarayanan *et al.* (2000) também afirmaram que a aplicação de *T. harzianum* resultou num melhor crescimento de plantas de tomate infestadas com *M. incognita*.

Verificou-se que *Trichoderma* sp. isolado de áreas infectadas com nemátodos reduziu a população de *Meloidogyne* sp. em 82,6% e promoveu o crescimento do tomate (Xiujuan *et al.*, 2000).

Pandey e Dwivedi (2001) verificaram que a aplicação de *T. viride* e *T. harzianum* a 12g/kg de solo mostrou uma resposta inibidora máxima contra *M. incognita* em brinjal de 98 e 90 por cento, respetivamente.

Sobita Devi e Pandey (2001) estudaram a aplicação no campo de *T. viride* em grão-de-bico contra *M. incognita* e observaram uma redução significativa na formação de galhas.

Cannayane e Rajandran (2001) relataram que os filtrados de cultura de *P. fluorescens* causaram 27,0% de mortalidade de *M. incognita* J2 após 24 horas a uma concentração de 50% em bhendi.

A aplicação de FYM (20t/ha) e *T. viride* (50g/kg de semente) na soja resultou num melhor crescimento das plantas e reduziu a formação de galhas de nemátodos devido a *M. incognita* (Sobita Devi e Hassan, 2002).

Sobita Devi e Sharma (2002) relataram que a incorporação de *Trichoderma* spp. (mistura de *T. viride* e *T. harzianum* @1g/kg de solo) melhorou significativamente o crescimento das plantas e diminuiu a população de *M. incognita* no tomate.

Pant e Pandey (2002) relataram um melhor crescimento do grão-de-bico infestado com *M. incognita* quando emendado com torta de nim + *T. harzianum*.

Chaitali *et al.* (2003) avaliaram o efeito da aplicação de *T. viride* (2g/500g de solo) e torta de nim (@ 5 % w/w) em quiabos infestados com *M. incognita*, o que resultou em melhoria significativa nos caracteres de crescimento da planta e redução da população de nematoides.

Umamaheswari *et al.* (2004) registaram uma maior atividade das enzimas de defesa, juntamente com uma elevada acumulação de prolina, lenhina e fenóis no greengram tratado com *T. viride* contra *M. incognita*.

Senthamarai *et al.* (2006) referiram que *T. viride* melhorou os caracteres de crescimento da planta, como o comprimento do rebento, da raiz e do tubérculo, o peso do rebento, da raiz e do tubérculo, o número de tubérculos/planta e suprimiu significativamente a população de nemátodos em *Coleus forskohlii*.

Kavitha *et al.* (2007) referiram que *T. viride* (2,5 kg/ha) registou parâmetros de crescimento significativamente mais elevados e uma menor população de nemátodos na beterraba sacarina.

2.3. Gestão dos nemátodos dos nós das raízes através de produtos químicos

Os fumigantes como DD, EDB, durofurne, brometo de metilo, brometo de etileno, *etc.*, foram geralmente utilizados como tratamento pré-plantação e DBCP como tratamento pós-plantação em pomares de amoreira estabelecidos (Ichinohe, 1965).

Foi relatado que o Nemagon (DBCP), um fumigante do solo, reduziu a população de nemátodos e aumentou o rendimento foliar de plantações de amoreira com cinco anos de idade (Siokawa *et al.*, 1960).

Todia *et al.* (1968) referiram que o DBCP e um nematicida com fósforo orgânico reduziram gradualmente a população de nemátodes e melhoraram o crescimento da amoreira, mas verificou-se que as populações de nemátodes aumentaram gradualmente três a quatro meses após a fumigação inicial.

O DBCP 20G a 3 kg a.i./acre reduziu a população de *Meloidogyne, Helicotylenchus* e *Xiphinema*, e também aumentou o rendimento foliar da amoreira (Ikeda e Arataka, 1972).

A injeção no solo de 5 ml de mistura DD por cova a 30 x 30 cm de distância até 15 cm de profundidade do solo foi considerada superior ao nemagon na redução da população de nemátodos e no aumento do rendimento foliar da amoreira (Sikdar e Shenoi, 1980).

Aldicarb 10G a 3kg a.i./ha aplicado quatro vezes num ano reduziu consideravelmente a infestação do nemátodo do nó da raiz, melhorando o crescimento e o rendimento foliar da amoreira (Sikdar *et al.*, 1986).

Govindaiah (1990) referiu que o sebufos 10G e o carbofurano 3G foram considerados muito eficazes na redução da incidência do nemátodo dos nós radiculares na amoreira, quando aplicados à taxa de 4 e 2 kg a.i./ha/ano, respetivamente, em quatro doses divididas, juntamente com fertilizantes seguidos de irrigação.

Govindaiah *et al.* (1993) verificaram que a aplicação de carbofurano em diferentes doses, *nomeadamente* 2,0, 4,0 e 6,0 kg a.i./ha, reduziu significativamente a doença dos nós radiculares e melhorou o rendimento das folhas de amoreira.

Sharma e Govindaiah (1995) relataram que o sebufos 10G reduziu significativamente a eclosão de juvenis de *M. incognita* com o aumento da concentração. A supressão máxima da eclosão foi observada em 1000 ppm (99,62%) e mínima em soluções de 100 ppm (69,70%). O Sebufos 10G a 1-3kg a.i./ha reduziu a população de nemátodes das galhas e melhorou significativamente o crescimento da planta, bem como o rendimento foliar da amoreira.

Sivagami Vadivelu (1996) referiu que a aplicação de carbofurano 3G @ 1,19g e 5g; forato 10G @ 1,08g e 1g por planta, respetivamente, em condições de campo foi mais eficaz do que a aplicação de bolos de óleo de neem, rícino, pungam e resíduos de seda na gestão de nemátodos que afectam a amoreira.

Govindaiah *et al.* (1997) relataram que a aplicação de sebufos 10G @ 2kg a.i./ha/ano em quatro doses iguais divididas em amoreira foi eficaz contra o nemátodo do nó da raiz com um período de segurança de cerca de 40-50 dias.

Sharma *et al.* (1998) referiram que a aplicação de carbofurano 3G @ 40kg/ha/ano reduziu a gravidade da doença devida ao nemátodo dos nós radiculares em 72,1 a 76,1 por cento na amoreira.

2.4. Complexo de doenças que envolve o nemátodo das galhas radiculares e *Macrophomina phaseolina*

Há cada vez mais provas de que os nemátodos das galhas radiculares facilitam a entrada e o estabelecimento de fungos e bactérias patogénicos (Powell, 1971).

Foi relatado um efeito sinérgico nos danos às plantas no caso da interação de *M. phaseolina* com *Meloidogyne* spp. em *Hibiscus cannabinus* (Tu e Cheng, 1971), *Ligustium japonicum* (Alfieri e Stokes, 1971) e *Glycine max* (Agarwal e Goswami, 1971).

Haque e Mukhopadhyaya (1979) avaliaram o efeito sinérgico significativo nos danos às plantas devido à interação de *M. phaseolina* com *M. incognita* na juta.

Bruton e Heald (1987) relataram que a incidência e a gravidade da podridão do carvão causada por *M. phaseolina* foi significativamente maior em melão na presença de *M. incognita* ou *Rotylenchulus reniformis*.

Meloidogyne javanica e *Macrophomina phaseolina* juntos causaram uma redução significativa no crescimento das plantas, incluindo a formação de vagens de lentilha. Quando o nemátodo foi inoculado 10 dias antes do fungo e o fungo 10 dias antes do nemátodo, houve pouca redução no crescimento da planta em comparação com as plantas inoculadas com o nemátodo e o fungo simultaneamente (Tiyagi *et al.,* 1988).

Caudra *et al.* (1990) relataram que o efeito patogénico de *M. phaseolina* aumentou na presença de *M. incognita* em tomate e Kenaf.

A eficácia da torta de mostarda na redução da incidência de doenças causadas por *M. phaseolina* e *M. incognita* no feijão francês foi relatada por Srivastava e Singh (1990).

Mohamed *et al.* (1990) relataram que a incidência e a severidade da podridão radicular causada por *M. phaseolina* foi significativamente maior na soja na presença de *M. incognita*.

Siddiqui e Husain (1990) relataram que *M. incognita* e *M. phaseolina* juntas causaram uma redução severa no crescimento das plantas do que quando inoculadas sozinhas no grão-de-bico.

Begum *et al.* (1990) referiram que o crescimento das plantas e o rendimento das sementes de juta eram mínimos e os sintomas da doença eram máximos quando *Meloidogyne* spp., *M. phaseolina* e *Rhizoctonia solani* eram inoculados em conjunto do que *Meloidogyne* spp. com combinações de *M. phaseolina* ou *R. solani*.

Siddiqui e Husain (1992) referiram que *M. incognita* e *M. phaseolina* causaram mais danos ao grão-de-bico em inoculação concomitante do que a soma dos danos totais causados por ambos os agentes patogénicos individualmente. O crescimento do grão-de-bico e a nodulação foram negativamente afectados pela presença de *M. incognita* e *M. phaseolina*.

Devi e Goswami (1992) relataram que maiores danos ao feijão-caupi foram observados quando *M. phaseolina* e *M. incognita* foram inoculados simultaneamente ou quando *M. incognita* foi inoculado 10 dias antes da inoculação de *M. phaseolina*.

Prasad (1995) registou uma redução máxima nos pesos frescos e secos do amendoim quando *M. phaseolina* e *M. arenaria* foram inoculados simultaneamente. O fungo afectou negativamente o desenvolvimento e a multiplicação do nemátodo.

Chahal *et al.* (1997) referiram que a infeção simultânea de *M. incognita* e *M. phaseolina* causava mais danos no feijão-mungo do que a infeção individual.

Fazal *et al.* (1998) relataram que a inoculação concomitante de *M. javanica* e *M. phaseolina* resultou na redução do peso seco da parte aérea da grama preta, que foi maior do que a soma total da redução causada pelos patógenos em inoculações de espécies únicas no mesmo nível de inóculo, mostrando assim uma relação sinérgica. A maior redução no crescimento da planta e a máxima intensidade da doença foram observadas em plantas inoculadas com nematóides antes do fungo, e a menor em plantas infectadas pelo fungo e seguidas pelo nematoide, possivelmente associada a alterações fisiológicas induzidas pelo nematoide no tecido do hospedeiro.

Suarez *et al.* (1999) relataram que a inoculação simultânea de *M. phaseolina* e *Meloidogyne* spp. causou um efeito prejudicial maior na goiaba do que quando cada patógeno foi inoculado sozinho.

Bhagyarathy *et al.* (1999) referiram que o efeito de interação entre o nemátodo dos nós radiculares e a inoculação de *Rhizoctonia bataticola* foi significativo na redução da biomassa da amoreira e da população de nemátodos do que qualquer uma das culturas inoculadas separadamente.

Chhabra *et al.* (2000) relataram uma redução nos parâmetros de crescimento do girassol quando *M. phaseolina* e *M. incognita* foram inoculados simultaneamente. A inoculação de *M. phaseolina* 2 semanas após a inoculação de *M. incognita* resultou nos valores mais baixos para os parâmetros de crescimento, maior população de nemátodes e maior número de massas de ovos.

Kavathiya e Pandey (2000) relataram que a inoculação concomitante de *M. javanica* e *M. phaseolina* causou uma redução significativa na altura da planta (33,0%) em feijão-mungo.

Chatali *et al.* (2003) observaram um efeito sinérgico de *M. phaseolina* na presença de *Meloidogyne* spp. em quiabeiro.

Roy e Mukhopadhyay (2004) relataram que a inoculação simultânea de *M. incognita* e *M. phaseolina*, apenas do fungo e apenas do nemátodo resultou em 100, 66,7 e 24% de mortalidade de plantas de brinjal.

Senthamarai *et al.* (2006) referiram que a inoculação simultânea de nemátodo e fungo, bem como de nemátodo seguida de fungo 15 dias mais tarde, causou 100% de podridão radicular e levou a uma redução significativa do crescimento das plantas em comparação com a inoculação apenas de fungo ou a inoculação de fungo antes de nemátodo em *C. forskohlii*.

CHAPTER III

MATERIAIS E MÉTODOS

3.1. Manutenção de culturas puras do nemátodo dos nós das raízes, *Meloidogyne incognita*

O inóculo necessário para a criação da cultura pura foi colhido em plantas de tomateiro cultivadas em estufa. As raízes com galhas visíveis foram seleccionadas, lavadas suave e cuidadosamente em água e examinadas ao microscópio para detetar a presença de massas de ovos. As galhas, que mostravam corpos salientes da fêmea madura cobertos por uma matriz gelatinosa, foram dissecadas e foi preparado o padrão perineal do nemátodo da fêmea madura (25 n.ºs) para confirmação da espécie como *M. incognita*. As massas de ovos recolhidas foram utilizadas para criar culturas puras.

Plântulas com cinco semanas de idade foram transplantadas para vasos de terra com capacidade de 5 kg, preenchidos com mistura de vasos esterilizada a vapor. Uma única massa de ovos foi recolhida e mantida no copo de embriões meio cheio de água, e os juvenis que emergiram da massa de ovos foram utilizados para inoculação para iniciar a cultura de *M. incognita*. A suspensão de nematoides contendo juvenis recém-eclodidos de *M. incognita* foi inoculada no solo na base das plantas de amoreira 15 dias após o plantio das estacas.

Os vasos foram mantidos na estufa de nematologia e regados regularmente. As plantas foram arrancadas 30 dias após a inoculação e lavadas sem terra, as massas de ovos bem desenvolvidas foram cuidadosamente arrancadas e transferidas para placas de Petri contendo a quantidade necessária de água destilada e incubadas em condições laboratoriais. Os juvenis que eclodiram foram utilizados para as experiências.

3.2. Criação de estacas enraizadas de amoreira

As estacas enraizadas de tamanho uniforme foram criadas em condições esterilizadas. As estacas enraizadas foram plantadas à razão de uma por vaso de 10 kg de capacidade cheio com mistura de vasos esterilizada a vapor. Os vasos foram mantidos na estufa de Nematologia e a rega dos vasos foi feita regularmente para manter as plantas em condições húmidas depois de passarem por uma peneira de 325 mesh. As estacas plantadas foram deixadas a crescer durante um período de 15 dias para um bom enraizamento e estabelecimento.

3.3. Inoculação de nemátodos

Os juvenis recém-eclodidos do segundo estádio (J2) de *M. incognita*, reunidos numa suspensão de água, foram inoculados nos diferentes tratamentos. O número médio de juvenis por ml de água foi avaliado utilizando uma placa de contagem. Foram feitos três buracos no solo à volta de cada corte e a suspensão de nemátodos contendo juvenis de *M. incognita* de segundo estádio foi inoculada através dos buracos com a extremidade de um conta-gotas e os buracos foram cobertos com o mesmo solo. A rega dos vasos foi feita regularmente para manter o solo apenas húmido, passando-o por um crivo de 325 mesh para evitar a contaminação pela água.

3.4. Perdas de rendimento evitáveis devido a *M. incognita* na amoreira

A perda evitável de rendimento foliar da amoreira devido a *M. incognita* foi estimada utilizando o teste 't' emparelhado (Leclerg, 1967). Em dois conjuntos de 8 vasos, o carbofurano 3G foi aplicado a 1kg a.i./ha no primeiro conjunto de 8 vasos (T1), e misturado cuidadosamente no solo. Noutro conjunto de 8 vasos não foi aplicado nematicida, *ou seja*, vasos não tratados (T2). Cada tratamento foi repetido 8 vezes.

As estacas enraizadas da variedade de amoreira (V1) foram plantadas em ambos os conjuntos de vasos de 10 kg de capacidade contendo solo esterilizado e inoculadas com juvenis recém-eclodidos de *M. incognita* @ 1J2/g de solo. Cinco meses após a plantação, foram registadas observações sobre o crescimento das plantas e a produção de folhas e a percentagem de perda de produção foi calculada estatisticamente.

3.4.1. Parâmetros de crescimento das plantas

3.4.1.1. Comprimento do rebento

O comprimento do rebento foi medido desde a base da planta até à última folha aberta e expresso em cm.

3.4.1.2. Comprimento da raiz

O comprimento da raiz foi registado imediatamente após o fim da experiência e expresso em cm.

3.4.1.3. Peso dos rebentos e das raízes

O peso individual do rebento da planta e o peso da raiz foram registados imediatamente após o fim da experiência e expressos em gramas.

Foram registadas outras observações, *nomeadamente* o número de ramos/planta, o número de folhas/planta e a área foliar (média de cinco folhas).

3.4.2. População de nemátodos

3.4.2.1. População de nemátodes do solo

A população de *M. incognita* no solo foi avaliada na altura do fim da experiência, retirando uma amostra composta de 250 g de solo de cada vaso. As amostras foram processadas para a deteção de nemátodos utilizando o método de decantação e peneiração de Cobb (Cobb, 1918) seguido da técnica do funil de Baermann modificado (Schindler, 1961) e a população de nemátodos foi registada.

3.4.2.2. População de nemátodes na raiz

O sistema radicular das plantas foi cuidadosamente removido e mergulhado num balde de água para avaliar a população de nemátodos adultos na raiz. Uma quantidade pesada das raízes fibrosas colhidas foi cortada em pequenos pedaços, bem misturada e uma amostra composta de um grama foi colhida e examinada ao microscópio para detetar a presença de massas de ovos, número de galhas e número de fêmeas após coloração com lactofenol fucsina ácido, seguida de descoloração em lactofenol claro e examinada (Mc Beth *et al.*, 1941).

3.4.2.3. Índice de galhas

No presente estudo, foi utilizado o seguinte índice de galhas com uma escala de classificação de 1 a 5 (Heald *et al.*, 1978).

Percentagem do sistema radicular com	Índice de galhas
Sem galhas	1
1-25	2
26-50	3
51-75	4
≥75	5

3.4.3. Estudo fisiológico

3.4.3.1. Estimativa do teor de humidade em folhas de amoreira (Anon., 1970)

As plantas foram seleccionadas ao acaso e foram recolhidas 10 folhas de cada uma das partes superior, média e inferior da planta. Em seguida, foram calculados o peso fresco e o peso seco das folhas (secas numa estufa a 70° C durante 48h). A humidade das folhas foi calculada pela seguinte fórmula.

$$\text{Leaf moisture content (\%)} = \frac{\text{Fresh weight - dry weight}}{\text{Fresh weight}} \times 100$$

3.4.3.2. Estimativa da clorofila

O teor de clorofila (a, b e clorofila total /g de tecido) foi estimado pelo método modificado e descrito por Yoshida (1971).

Duzentos e cinquenta mg de amostra de folha fresca foram recolhidos num pilão e almofariz. A amostra foi macerada com 10 ml de acetona a 80%. O conteúdo foi centrifugado a 3000 rpm durante 10 minutos. Em seguida, o sobrenadante foi recolhido e o volume foi aumentado para 25 ml utilizando acetona a 80%. A densidade ótica foi medida a 645, 652, 663 nm por um espetrofotómetro.

A quantidade de clorofila presente em 250 mg de tecido foi calculada utilizando as seguintes equações.

$$\text{Chlorophyll a} = (12.7 \times \text{OD at } 663) - (2.69 \times \text{OD at } 645) \times \frac{V}{1000 \times W}$$

$$\text{Chlorophyll b} = (22.9 \times \text{OD at } 645) - (4.68 \times \text{OD at } 663) \times \frac{V}{1000 \times W}$$

$$\text{Total chlorophyll} = \frac{\text{D at } 652 \times 1000}{34.5} \times \frac{V}{1000 \times W}$$

Onde, OD - densidade ótica; V - volume final do sobrenadante (25 ml);

W - Peso da amostra de folhas colhida em gramas.

O teor de clorofila das amostras é expresso em mg/g de folha fresca.

3.4.3.3. Estimativa de proteínas solúveis em folhas de amoreira

A estimativa quantitativa das proteínas solúveis foi efectuada pelo método de Lowry *et al.* (1951). Duzentos e cinquenta mg de amostra de folha foram macerados com 10 ml de solução tampão fosfato, centrifugados a 3000 rpm durante 10 minutos, o sobrenadante foi recolhido e completado até 25 ml. Colocou-se um ml do sobrenadante num tubo de ensaio e adicionaram-se 5 ml de tártaro de cobre alcalino (TCA) e 0,5 ml de reagente de folina, deixando-se repousar durante 30 minutos para o desenvolvimento da cor. A DO foi medida a 660 nm no espetrofotómetro.

3.4.3.3.1. Preparação do padrão

Dissolveram-se 50 mg de albumina de soro bovino (BSA) em 100 ml de água destilada, obtendo-se assim uma solução de reserva de 500 ppm. Foram preparadas diferentes concentrações de soluções-padrão de BSA, *nomeadamente* 100, 200, 300, 400 e 500 ppm, diluindo a solução-mãe. A série de padrões foi efectuada de forma semelhante à da amostra e foi elaborado um gráfico padrão. A DO da amostra foi traçada no gráfico padrão e a concentração correspondente (X µg) foi registada. A partir daí, a quantidade de proteína solúvel presente na amostra dada foi calculada utilizando a seguinte fórmula.

$$\text{Amount of soluble protein} = \frac{X \times 25}{1 \times 250} \times 1000$$

A quantidade de proteína solúvel presente na amostra em causa foi expressa em mg/g.

3.4.3.4. Estimativa do azoto

O teor de azoto da planta foi estimado pelo método Micro-Kjeldhal descrito por Sadasivam e Manickam (1992). As porções de folhas das plantas de amoreira foram secas à sombra e transformadas em pó. Cerca de 0,5 g da amostra foram adicionados a um balão de digestão de 25 ml. A esta amostra, adicionaram-se 15 ml de uma mistura de diácidos (H_2SO_4 + $HClO_4$ numa proporção de 5:2) e digeriu-se até a solução se tornar incolor.

Após arrefecimento do digerido, este foi diluído com água destilada isenta de amoníaco e o volume foi completado para 100 ml. Transferiu-se uma alíquota de 10 ml para um aparelho de destilação. Colocou-se um erlenmeyer (50 ml) com 10 ml de solução de ácido bórico e algumas gotas de indicador misto, de modo a que a ponta do condensador ficasse mergulhada na solução. Em seguida, adicionam-se 10 ml de solução de hidróxido de sódio e tiossulfato de sódio à amostra no aparelho de destilação. O amoníaco libertado da amostra foi recolhido em ácido bórico, o que foi indicado pela mudança de cor de vermelho para verde. Esta solução foi titulada com ácido padrão até se notar a cor vermelha, que indicava o ponto final da titulação. O teor de azoto da amostra foi calculado pela seguinte fórmula

$$N\ content\ (\%) = \frac{X \times 0.00028 \times 250 \times 100}{10 \times 0.5}$$

3.5. Avaliação de agentes de biocontrolo para a gestão de *M. incognita* na amoreira

Foram realizadas experiências em vasos para a gestão do nemátodo das galhas radiculares em duas variedades de amoreira, a *saber,* V1 e S36, para avaliar o potencial de biocontrolo de *Pseudomonas fluorescens* e *Trichoderma viride*, em comparação com o controlo químico padrão de carbofurano 3G e um controlo não tratado.

Foram enchidos vasos de terra com 10 kg de capacidade com uma mistura de vasos esterilizada a vapor. Foram plantadas estacas de amoreira bem enraizadas, com sessenta dias de idade, nos vasos acima referidos, à razão de uma estaca/vaso, seguindo-se a aplicação de bioagentes e produtos químicos. Todos os bioagentes testados e o carbofurano 3G foram aplicados à taxa de diferentes dosagens no solo da rizosfera um mês após a plantação das estacas. Simultaneamente, *M. incognita* foi inoculado a um J2 por g de solo à volta das raízes das plantas de amoreira. A experiência consistiu nos seguintes oito tratamentos com três repetições num desenho de blocos completamente aleatórios.

T1 - Aplicação no solo de *P. fluorescens* @ 10g/planta

T2 - Aplicação no solo de *P. fluorescens* @ 5g/planta

T3 - Aplicação no solo de *T. viride* @ 10g/planta

T4 - Aplicação no solo de *T. viride* @ 5g/planta

T5 - T1 +T3

T6 - T2 +T4

T7 - Carbofurão 3G @ 1kg a.i./ha

T8 - Controlo não tratado

A experiência foi terminada cinco meses após o início e foram feitas observações sobre os parâmetros de crescimento das plantas (comprimento do rebento, comprimento da raiz, peso do rebento e da raiz, número de ramos/planta, número de folhas/planta, área foliar (média de cinco folhas)), população de nemátodos, análise fisiológica e capacidade de colonização dos bioagentes.

3.5.1. Colonização de *P. fluorescens* no solo

No final da experiência, foram recolhidas amostras de solo da região não rizosférica, a 5-6 cm de distância da base da raiz da amoreira. Tomou-se um g da amostra de solo e dissolveu-se em 9 ml de água destilada esterilizada para obter uma diluição de 10^{-1}. Pipetou-se um ml da diluição de 10^{-1} com uma pipeta estéril e transferiu-se para 9ml de água destilada estéril em tubos de ensaio. Obteve-se uma diluição de 10^{-2}. De igual modo, continuou-se a diluição em série até 10^{-6}. Um ml de uma suspensão diluída a 10^{-6} foi transferido para uma placa de Petri contendo meio King's B e incubado a $28 \pm 2^{\circ}$ C durante 5 dias, sendo depois contadas as colónias de bactérias.

Composição do King's B medium

Peptona20g

K2HPO4   1.5g

MgSO4 1.5g

Glicerol10ml

Ágar15g

Água   destilada1000ml (King's *et al.*, 1954).

3.5.2. Colonização de *Trichoderma viride* no solo

A amostra de solo foi recolhida da região não rizosférica, a 5-6 cm de distância da base da raiz da amoreira, no momento em que a experiência terminou. Tomou-se um g de amostra de solo e dissolveu-se em 9 ml de água destilada esterilizada para efetuar uma diluição de 10^{-1}. Um ml da diluição de 10^{-1} foi pipetado com uma pipeta estéril e transferido para 9ml de água destilada estéril em tubos de ensaio. Obteve-se uma diluição de 10^{-2} . Do mesmo modo, a diluição em série foi continuada até 10^{-4} . A partir de uma diluição de 10^{-4} , transferiu-se um ml de suspensão para uma placa de Petri contendo meio seletivo *Trichoderma* e incubou-se a $28 \pm 2^{\circ}$ C durante 5 dias e contaram-se as colónias de fungos.

Meio seletivo *Trichoderma* (Elad e Chet, 1983)

$MgSO_4$ 0.20g

K_2HPO_4 0.90g

NH_4NO_3 1.00g

KCl 0.15g

Glucose   3.00g

Rosa de Bengala 0.15g

Ágar 15.0g

Água   destilada1000ml

3.5.1. Colonização de *P. fluorscens* + *T. viride*

No solo e na raiz, a colonização de *P. fluorescens* e *T. viride* foi contada utilizando o meio King's B (King's *et al.*, 1954) e o meio seletivo *Trichoderma* (Elad e Chet, 1983), respetivamente.

3.6. Complexo de doenças envolvendo *M. incognita* e *Macrophomina phaseolina* em amoreira
3.6.1. Isolamento de *M. phaseolina*

A M. phaseolina foi isolada das raízes infectadas de plantas de amoreira que apresentavam sintomas típicos de podridão radicular. As plantas afectadas foram identificadas pelo amarelecimento e queda das folhas e essas plantas morrem no prazo de uma semana. Os pedaços de raízes de plantas afectadas pela podridão radicular foram esterilizados com hipoclorito de sódio a um por cento durante três minutos, seguido de três lavagens subsequentes com água destilada estéril e colocados em meio Potato Dextrose Agar (PDA) em placas de Petri. Após inoculação durante três dias, o agente patogénico foi purificado pelo método da ponta de hifa única, tal como descrito por Riker e Riker (1936), e mantido em meio PDA.

A M. phaseolina purificada foi multiplicada em meio de areia e milho (Riker e Riker, 1936). A areia e as sementes de milho moídas foram misturadas na proporção de 19:1, humedecidas até um teor de humidade de 50 por cento, colocadas em sacos de polietileno autoclaváveis de 500 g e autoclavadas a 1,4 kg cm^{-2} durante duas horas. O fungo foi inoculado e incubado à temperatura ambiente ($24 \pm 2^{\circ}$ C) durante 14 dias. A carga de esporos do inóculo fúngico no meio de milho-areia foi avaliada utilizando um hemocitómetro (2 x 10^6 esclerócios / g) e utilizada para os estudos do complexo de doenças fúngicas causadas por nemátodos.

3.6.1. Estudos sobre o complexo nemátodo-doença fúngica envolvendo *M. incognita* e *M. phaseolina*

As experiências de cultura em vaso foram conduzidas em condições de estufa, com vista a estudar o efeito de interação entre o nemátodo dos nós radiculares e o agente patogénico da podridão radicular (placa 7).

O experimento foi realizado em um delineamento em blocos completamente casualizados, replicado quatro vezes, com os seguintes tratamentos.

T_1 - Nemátodo isolado (*M. incognita*) @ 1J2/g de solo

T_2 - Fungo (*M. phaseolina*) sozinho @ 5 g/kg de solo

T_3 - Inoculação simultânea de nemátodo e fungo

T4 - Nemátodo seguido de fungo após 15 dias de inoculação

T5 - Fungo seguido de nemátodo após 15 dias de inoculação

T6 - Controlo não inoculado

Os vasos de terra com 5 kg de capacidade foram enchidos com mistura de vasos esterilizada e as estacas enraizadas de amoreira (variedade S36) foram plantadas à razão de uma por vaso. Após o estabelecimento das estacas, foram efectuados os tratamentos.

A inoculação do nemátodo foi feita a 1J2/g de solo perto da zona radicular e o patógeno da podridão radicular multiplicado em meio de milho-areia foi inoculado a 5 g/kg de solo, como indicado no esquema de tratamento.

As plantas foram cuidadosamente arrancadas após 3 meses de plantação. Foram registadas observações sobre os parâmetros de crescimento das plantas (comprimento do rebento, comprimento da raiz, peso do rebento e da raiz, número de ramos/planta, número de folhas/planta e área foliar), número de galhas, fêmeas, massas de ovos, população de nemátodos, índice de galhas, índice de podridão radicular (Cloud e Rupe, 1991) e alterações fisiológicas.

3.6.2. Índice de podridão radicular

$$\text{Per cent Disease index} = \frac{\text{Number of plants affected}}{\text{Total number of plants observed}} \times 100$$

Índice de doenças	Índice de podridão radicular
	Infeção da raiz
1	Sem apodrecimento
2	Até 25% de apodrecimento
3	Até 50% de apodrecimento
4	Até 75% de apodrecimento
5	Mais de 75% de apodrecimento

3.7. Biogestão do nemátodo das galhas da raiz da amoreira em condições de campo

3.7.1. Localização

O cultivo da amoreira e a criação do bicho-da-seda foram efectuados em duas explorações agrícolas na aldeia de Thondamuthur, no distrito de Coimbatore. Foi selecionada uma horta de amoreira estabelecida com a variedade V1 no campo. Vinte e quatro parcelas de 4m x 3m foram marcadas para cada repetição (Placa 3).

3.7.2. Ovos de bicho-da-seda

Para o estudo, foram utilizadas posturas livres de doenças (Dfls) do híbrido duplo (CSR6 x CSR26) x (CSR2 x CSR27) obtidas no Silkworm Seed Production Centre sob o controlo da Central Silk board, Coimbatore.

3.7.3. Métodos

Os métodos de cultivo da amoreira e de criação do bicho-da-seda foram adoptados *de acordo com a* descrição de Dandin *et al.* (2000).

3.7.4. Poda

A cultura da amoreira foi podada segundo o método da poda de fundo, deixando um cepo de 15 cm a partir do nível do solo. Teve-se o cuidado de não rachar o caule e a casca durante a poda.

Vandikaranoorpirivu

Valaiyapalayam

3.7.5. Aplicação do tratamento:

3.7.5.1. Tratamentos

T_1 - Aplicação no solo de *P. fluorescens* @ 6g/parcela

T_2 - Aplicação no solo de *P. fluorescens* @ 3g/parcela

T3 - Aplicação no solo de *T. viride* @ 6g/parcela

T4 - Aplicação no solo de *T. viride* @ 3g/parcela

T_5 - $T_1 + T_3$

T_6 - $T_2 + T_4$

T_7 - Carbofurão 3G @ 1kg a.i./ha

T_8 - Controlo não tratado

Réplicas - 3

Tamanho do terreno - $12m^2$ $(4 \times 3 \text{ m})^2$

Conceção - RBD

Número de parcelas - 24

Os bioagentes foram misturados com solo (1 kg de solo/parcela) e aplicados na região da rizosfera. Os tratamentos foram aplicados uma semana após a poda e irrigados imediatamente.

3.7.6. Estimativa do rendimento

Após 60 dias da poda (DAP), foi calculado o rendimento foliar. O rendimento foliar foi calculado seleccionando 10 plantas ao acaso e foram registados os parâmetros de rendimento: altura da planta, número de ramos por planta, número de folhas por ramo, peso da folha por rebento, peso do rebento, peso de 100 folhas e teor de humidade da folha.

3.7.7. Colheita

As folhas foram colhidas 40-45 dias após a poda inferior pelo método de arrancamento de folhas para a criação de chawki e os rebentos com 70-75 dias de idade foram colhidos para a criação de vermes de idade tardia.

3.7.8. Criação do bicho-da-seda

3.7.8.1. Desinfeção

Antes do início do programa de criação, a sala de criação e os utensílios a utilizar foram desinfectados com 2% de dióxido de cloro + 0,5% de cal apagada, enquanto 5% de pó branqueador foi utilizado para desinfetar as áreas exteriores à sala de criação.

3.7.8.2. Incubação

Os ovos do bicho-da-seda foram colocados em tabuleiros, em camada única, para incubação, tendo-lhes sido proporcionadas uma temperatura e uma humidade relativa ideais de 25°C e 80%, respetivamente.

3.7.8.3. Boxe preto

Cerca de 48 horas antes da eclosão, o embrião atingiu a fase de "cabeça de alfinete" e cerca de 24 horas antes da eclosão atingiu a fase de "ovo azul". As folhas de ovos foram cobertas com uma folha de papel preta e não foram mexidas. Este método permitiu que o desenvolvimento do embrião atingisse um crescimento completo e uniforme sem eclosão até à data prevista. Os ovos cobertos com uma caixa preta foram expostos à luz do dia entre as 8 e as 9 horas da manhã para eclosão.

3.7.8.4. Incubação

O estímulo fotográfico assim proporcionado garante mais de 95 por cento de eclosão em cerca de 2 horas.

3.7.8.5. Escovagem

As larvas recém-eclodidas foram colocadas em tabuleiros desinfectados. Folhas tenras e picadas de amoreira da variedade V1 foram polvilhadas sobre os cartões de ovos separadamente. As larvas neonatas rastejaram sobre as folhas tenras e começaram a alimentar-se. Mais tarde, os cartões com as minhocas foram colocados na cama de criação.

3.7.8.6. Criação de Chawki

As minhocas Chawki foram alimentadas com folhas jovens. A temperatura e a humidade relativa foram mantidas a 27-28° C e 80-90 por cento, respetivamente. As folhas de amoreira para os bichos-da-seda jovens foram colhidas em horas frescas do dia e conservadas em condições frescas e húmidas. As folhas foram cortadas e dadas aos bichos-da-seda. As larvas de 1st e 2nd instar foram criadas num tabuleiro e a alimentação foi dada diariamente três vezes. As camas foram limpas uma vez durante o 2nd instar, imediatamente após a muda.

3.7.8.7. Criação do bicho-da-seda em idade tardia

O sistema de criação de rebentos foi seguido para a criação do bicho-da-seda de idade tardia. Na criação do bicho-da-seda em idade avançada, a temperatura e a humidade relativa foram mantidas a 25-26° C e 70-75 por cento, respetivamente. Os rebentos inteiros de amoreira foram utilizados após 2nd mudas. O método de três camadas de prateleiras de

Seguiu-se a criação de rebentos. Após 3rd mudas, as larvas foram separadas por tratamento e criadas em tabuleiros individuais. Em cada tratamento foram mantidas 150 larvas com 50 larvas por repetição. Após 3rd muda, as folhas de cada tratamento foram dadas para alimentação. Durante os 4th e 5th instares, a quantidade de alimento dado e o peso das larvas foram registados (placa 4).

3.7.8.8. Montagem e colheita

Os bichos-da-seda foram colhidos e montados em netrike. Após 5th dias de montagem, os casulos foram colhidos.

3.7.8.9. Observação registada

Para registar os parâmetros económicos, foram seleccionadas aleatoriamente dez larvas/casulos. Em todas as experiências foram registados diferentes parâmetros das larvas, casulos e pós-casulos, como se indica a seguir.

3.7.8.9.1. Parâmetros larvares

3.7.8.9.1.1. Peso das larvas

O peso das larvas no quinto dia do quinto instar foi registado numa balança eletrónica sensível.

3.7.8.9.1.2. Duração das larvas

A duração das larvas de quinto instar foi registada, em horas, imediatamente antes de os vermes começarem a girar.

3.7.8.9.2. Parâmetros do casulo

3.7.8.9.2.1. Peso do casulo

O peso do casulo foi registado após a colheita dos casulos no quinto dia após a montagem.

3.7.8.9.2.2. Peso da casca e peso da pupa

O peso da casca e o peso da pupa foram registados através do corte do casulo para separar a pupa e a casca.

3.7.8.9.2.3. Rácio da casca

O rácio de casca foi calculado utilizando a fórmula.

$$\text{Shell ratio (\%)} = \frac{\text{Shell weight}}{\text{Cocoon weight}} \times 100$$

3.7.8.9.3. Personagens do casulo

3.7.8.9.3.1. Peso do casulo

Os casulos foram colhidos no quinto dia de fiação. Em cada repetição, foram pesados dez casulos ao acaso. O peso individual dos casulos foi calculado para dez casulos e a média foi calculada para calcular o peso médio dos casulos.

3.7.8.9.3.2. Peso da casca

Em cada repetição, dez casulos foram cortados, as pupas e a pele foram separadas. O peso da casca foi registado e a média foi calculada para obter o peso médio da casca.

3.8. Análise estatística

Os dados experimentais foram analisados estatisticamente utilizando os procedimentos de Gomez e Gomez (1984).

CHAPTER IV
RESULTADOS

As perdas quantitativas e qualitativas devidas ao nemátodo das galhas radiculares, *Meloidogyne incognita*, a gestão biológica de *M. incognita* e o complexo de doenças que envolve *M. incognita* e o fungo da podridão radicular, *Macrophomina phaseolina,* foram investigados na amoreira. Os resultados de várias experiências são apresentados a seguir.

4.1. Perdas de rendimento evitáveis devido a *M. incognita* na amoreira

A experiência sobre a perda de rendimento evitável devido a *M. incognita* na amoreira revelou que houve uma diminuição significativa nos atributos de rendimento, *ou* seja, número de ramos, número de folhas, comprimento do rebento, comprimento da raiz, peso do rebento, peso da raiz e área foliar nas plantas não tratadas com nemátodo e a perda percentual foi de 33,42, 27,43, 10,37, 14,93, 10,80, 6,98 e 22,87, respetivamente. A perda total de rendimento foliar foi de 16,05 por cento quando comparada com as plantas tratadas com carbofurano 3G @ 1 kg a.i./ha (Quadro 1; Fig. 1).

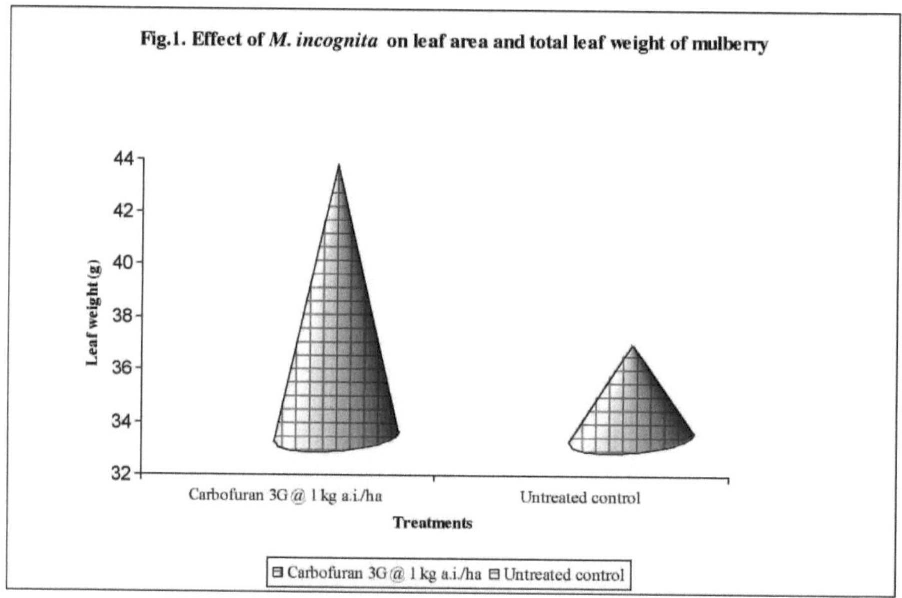

4.2. Biogestão de *M. incognita* em amoreira sob condições de estufa

O potencial dos agentes de biocontrolo, *Pseudomonas fluorescens* e *Trichoderma viride,* contra *M. incognita* nas variedades de amoreira V1 e S36 foi estudado em estufa e os resultados obtidos são apresentados em seguida.

Verificou-se que os agentes de biocontrolo e o carbofurano 3G foram significativamente superiores ao controlo não tratado na redução da população de *M. incognita* e no aumento do rendimento foliar. A combinação da rizobactéria promotora do crescimento de plantas, *P. fluorescens*, e do fungo, *T. viride,* cada um a 10g/planta, foi a mais eficaz entre todos os tratamentos.

4.2.1. Influência dos agentes de biocontrolo nos parâmetros de crescimento das plantas em estufa

4.2.1.1. Número de sucursais

O maior número de ramos de 4,00 foi registado em plantas (variedade V1) tratadas com *P. fluorescens* + *T. viride* cada uma a 10g/planta e o aumento percentual foi de 71,67 sobre o controlo (2,33). A aplicação de *P. fluorescens* e *T. viride* @ 5g/planta (3,96) foi a segunda melhor (69,96 % de aumento em relação ao controlo) (Quadro 2). Os resultados da experiência com a variedade S36 indicaram uma tendência semelhante à observada para a variedade V1. O número de ramos foi mais elevado (2,67) em plantas tratadas com *P. fluorescens* + *T. viride* cada uma a 10g/planta e o aumento percentual foi de 100,75 em relação ao controlo, que registou 1,33 ramos, seguido de *P. fluorescens* + *T. viride* @ 5g/planta (2,33) com 75,19% de aumento em relação ao controlo (Quadro 3).

4.2.1. Influência dos agentes de biocontrolo nos parâmetros de crescimento das plantas em estufa

4.2.1.1. Número de sucursais

O maior número de ramos de 4,00 foi registado em plantas (variedade V1) tratadas com *P. fluorescens* + *T. viride* cada uma a 10g/planta e o aumento percentual foi de 71,67 sobre o controlo (2,33). A aplicação de *P. fluorescens* e *T. viride* @ 5g/planta (3,96) foi a segunda melhor (69,96 % de aumento em relação ao controlo) (Quadro 2). Os resultados da experiência com a variedade S36 indicaram uma tendência semelhante à observada para a variedade V1. O número de ramos foi mais elevado (2,67) em plantas tratadas com *P. fluorescens* + *T. viride* cada uma a 10g/planta e o aumento percentual foi de 100,75 em relação ao controlo.

Tabela 1. Efeito de *M. incognita* nos parâmetros de crescimento das plantas de amoreira e perda de rendimento evitável

(Média de 3 repetições)

Tratamentos	Número de sucursais	Número de folhas	Área foliar (cm2)	Comprimento do rebento (cm)	Peso do rebento (g)	Comprimento da raiz (cm)	Peso da raiz (g)	Peso total das folhas(g)
Carbofurão	3.86	34.38	127.89	71.76	104.71	47.09	87.98	42.41

3G @ 1 kg a.i./ha								
Não tratado controlo	2.57 (-33.42)	24.95 (-27.43)	98.64 (-22.87)	64.32 (-10.37)	93.40 (-10.80)	40.06 (-14.93)	81.84 (-6.98)	35.60 (-16.05)
t(n-1)	11.369	22.066	8.168	4.201	7.411	5.388	2.542	7.314

Os valores entre parêntesis correspondem a perdas evitáveis devido à infestação por nemátodos.

Table 2. Eficácia de agentes de biocontrolo em caracteres de crescimento de plantas de amoreira (Var. V1) infestadas com *M. incognita*

(Média de 3 repetições)

Tratamentos	Número de sucursais	Número de folhas	Área foliar (cm2)	Comprimento do rebento (cm)	Peso do rebento (g)	Comprimento da raiz (cm)	Peso da raiz(g)
P. fluorescens @ 10g/planta	3.58 (+53.65)	21.67 (+29.99)	172.02 (+37.26)	90.87 (+38.37)	110.04 (+56.26)	40.38 (+76.87)	90.04 (+80.66)
P. fluorescens @ 5g/planta	3.33 (+42.92)	20.00 (+19.98)	145.96 (+16.47)	82.67 (+25.89)	95.86 (+36.13)	38.77 (+69.82)	77.74 (+55.98)
T. viride @ 10g/planta	3.25 (+39.48)	21.33 (+27.95)	163.78 (+30.69)	90.63 (+38.01)	105.38 (+49.64)	39.12 (+71.35)	81.84 (+64.20)
T. viride @ 5g/planta	3.15 (+35.19)	18.00 (+7.97)	140.20 (+11.87)	78.27 (+19.18)	94.38 (+34.02)	34.27 (+50.11)	74.97 (+50.42)
P. fluorescens @ 10g/planta +*T. viride* @ 10g/planta	4.00 (+71.67)	27.67 (+65.99)	204.47 (+63.16)	111.67 (+70.05)	145.95 (+107.26)	49.20 (+115.50)	120.09 (+140.95)
P. fluorescens @ 5g/planta +*T. viride* @ 5g/planta	3.96 (+69.96)	25.00 (+49.97)	198.47 (+58.37)	102.13 (+55.52)	138.32 (+96.42)	44.93 (+96.80)	111.91 (+124.54)
Carbofurão 3G a 1 kg a.i./ha	3.00 (+28.75)	17.67 (+5.99)	137.49 (+9.71)	72.47 (+6.80)	88.14 (+25.16)	37.07 (+62.37)	63.79 (+27.99)
Controlo	2.33	16.67	125.32	65.67	70.42	22.83	49.84
CD (p=0,05)	0.116	0.737	5.650	3.045	3.762	1.350	2.997

Os valores entre parênteses correspondem ao aumento percentual (+) em relação ao controlo.

Table 3. **Eficácia de agentes de biocontrolo em caracteres de crescimento de plantas de amoreira (Var. S36) infestadas com *M. incognita***

(Média de 3 repetições)

Tratamentos	Número de sucursais	Número de folhas	Área foliar (cm2)	Comprimento do rebento (cm)	Peso do rebento (g)	Comprimento da raiz (cm)	Peso da raiz (g)
P. fluorescens @ 10g/planta	2.10 (+57.89)	15.33 (+142.18)	157.85 (+50.79)	71.30 (+32.53)	99.83 (+26.48)	38.22 (+44.39)	76.29 (+38.81)
P. fluorescens @ 5g/planta	2.02 (+51.88)	12.66 (+100.00)	121.94 (+16.48)	70.80 (+31.59)	97.39 (+23.36)	38.12 (+44.01)	73.01 (+32.84)
T. viride @ 10g/planta	1.67 (+25.56)	7.33 (+15.79)	136.89 (+30.77)	68.30 (+26.95)	89.98 (+13.97)	34.73 (+31.20)	64.24 (+16.88)
T. viride @ 5g/planta	1.67 (+25.56)	12.67 (+100.16)	120.41 (+15.03)	74.90 (+39.22)	92.45 (+17.09)	35.57 (+34.38)	66.52 (+21.03)
P. fluorescens @ 10g/planta +*T. viride* @ 10g/planta	2.67 (+100.75)	18.67 (+194.94)	209.74 (+100.36)	83.90 (+55.95)	120.61 (+52.77)	43.90 (+65.85)	99.16 (+80.42)
P. fluorescens @ 5g/planta + *T. viride* @ 5g/planta	2.33 (+75.19)	16.33 (+157.98)	170.59 (+62.96)	78.60 (+46.09)	108.70 (+37.68)	39.97 (+51.00)	81.75 (+48.74)
Carbofurão 3G a 1 kg a.i./ha	1.50 (+12.78)	12.67 (+100.16)	135.13 (+29.09)	67.90 (+26.21)	85.93 (+8.84)	33.87 (+27.96)	61.28 (+11.49)
Controlo	1.33	6.33	104.68	53.80	78.95	26.47	54.96
CD(p=0,05)	0.068	0.465	5.125	2.481	3.657	1.269	2.809

Os valores entre parênteses correspondem ao aumento percentual (+) em relação ao controlo

controlo, que registou 1,33 ramos, seguido de *P. fluorescens* + *T. viride* @ 5g/planta (2,33) com um aumento de 75,19 por cento em relação ao controlo (Quadro 3).

4.2.1.2. Número de folhas

Na variedade V1, dez gramas de *P. fluorescens* e *T. viride* registaram o maior número de folhas (27,67), o que representou um aumento de 65,99 por cento em relação ao controlo, seguido do tratamento com *P. fluorescens* e *T. viride*, cada um a 5 g/planta, que registou 25,00 folhas, o que representou um aumento de 49,97 por cento em relação ao controlo (Quadro 2). No que diz respeito à variedade S36, o maior número de folhas foi registado em

P. fluorescens @ 10g/planta + *T. viride* @ 10g/planta (18,67) que foi 194,94 por cento maior do que o controlo e seguido por *P. fluorescens* @ 5g/planta + *T. viride* @ 5g/planta (16,33) tratamento que foi 157,98 por cento maior do que o controlo (Quadro 3).

4.2.1.3. Área foliar

Na variedade V1, 10 gramas de cada *P. fluorescens* e *T.* viride registaram a maior área foliar (204,47 cm^2), que foi 63,16 por cento maior do que o controlo, seguido pelo tratamento com *P. fluorescens* e *T. viride* cada um @ 5 g/planta, que registou 198,47 cm^2 de área foliar, que foi 58,37 por cento maior do que o controlo (Quadro 2). No que diz respeito à variedade S36, a área foliar mais elevada (209,74 cm^2) foi registada com o tratamento *P. fluorescens* @ 10g/planta + *T. viride* @ 10g/planta, o que representou um aumento de 100,36 por cento em relação ao controlo, seguido de *P. fluorescens* @ 5g/planta + *T. viride* @ 5g/planta (170,59 cm^2), o que representou um aumento de 62,96 por cento em relação ao controlo (Quadro 3).

4.2.1.4. Comprimento do rebento

Na variedade V1, o maior comprimento de rebento (111,67 cm) foi registado em plantas tratadas com *P. fluorescens* @ 10g/planta + *T. viride* 10g/planta, o que representou um aumento de 70,05 por cento em relação ao controlo, seguido de *P. fluorescens* @ 5g/planta + *T.viride* 5g/planta (102,13 cm), o que representou um aumento de 55,52 por cento em relação ao controlo (Quadro 2). Na variedade S36, o comprimento de rebento mais elevado (83,9 cm) foi registado no tratamento *P. fluorescens* @ 10g/planta + *T. viride* 10g/planta, o que representou um aumento de 55,95 por cento em relação ao controlo, seguido de *P. fluorescens* @ 5g/planta + *T. viride* 5g/planta (78,6 cm), o que representou um aumento de 46,09 por cento em relação ao controlo (quadro 3).

4.2.1.5. Peso do disparo

Na variedade V1, houve um aumento significativo no peso dos rebentos das plantas tratadas com bioagentes em comparação com o controlo. O peso mais elevado dos rebentos (145,95 g) foi registado no tratamento *P. fluorescens* @ 10g/planta + *T. viride* @ 10g/planta (107,26% de aumento em relação à testemunha), seguido de *P. fluorescens* @ 5g/planta + *T. viride* @ 5g/planta (138,32 g), registando um aumento de 96,42% em relação à testemunha (quadro 2). Na variedade S36, verificou-se um aumento significativo do peso dos rebentos nas plantas tratadas com bioagentes, em comparação com o controlo. O maior peso de rebentos (120,61 g) foi registado em *P. fluorescens*

@ 10g/planta + *T. viride* @ 10g/planta (52,77 por cento de aumento em relação ao controlo) seguido de *P. fluorescens* @ 5g/planta + *T. viride* @ 5g/planta (108,70g), que foi 37,68 por cento de aumento em relação ao controlo (78,95g) (Quadro 3).

4.2.1.6. Comprimento da raiz

Na variedade V1, o maior comprimento de raiz (49,20 cm) foi observado em plantas aplicadas com

P. fluorescens + *T. viride* a 10g/planta cada, levando a um aumento de 115,50 por cento em relação ao controlo (22,83 cm). A aplicação no solo de *P. fluorescens* @ 5g/planta + *T. viride* @ 5g/planta (44,93 cm) foi o próximo melhor tratamento, que foi 96,80 por cento superior ao controlo. A aplicação de *P. fluorescens* @ 10g/planta registou 40,38 cm de comprimento de raiz e foi igual ao efeito de *T. viride* @ 10g/planta com 39,12 cm de comprimento de raiz. O nematicida, carbofuran 3G, registou 37,07 cm de comprimento de raiz, o que foi superior ao *T. viride* @ 5g/planta e às plantas não tratadas (Quadro 2; Placa 2). Na variedade S36, o maior comprimento de raiz (43,90 cm) foi observado no tratamento combinado de *P. fluorescens* + *T. viride* cada um a 10g/planta, o que levou a um aumento de 65,85 por cento em relação ao controlo (26,47 cm). A aplicação no solo de *P. fluorescens* @ 5g/planta + *T. viride* @ 5g/planta (39,97 cm) foi o próximo melhor tratamento, com um aumento de 51,00 por cento em relação ao controlo. As plantas aplicadas com *P. fluorescens* @ 10g/planta mostraram um comprimento de raiz de 38,22cm (44,39% de aumento em relação ao controlo) e o tratamento de *P. fluorescens* @ 5g/planta registou um comprimento de raiz de 38,12 cm (44,01% de aumento em relação ao controlo). Estes foram iguais ao efeito do carbofurano @ 3kg a.i./ha que registou um comprimento de raiz de 33,87 cm, um aumento de 27,96 % em relação ao controlo não tratado (Quadro 3; Placa 3).

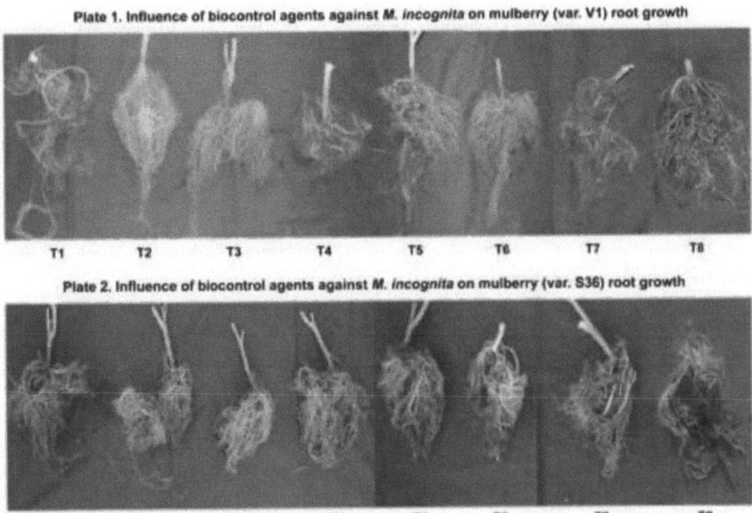

T1 - Aplicação no solo de *P. fluorescens* @ 10g/planta

T2 - Aplicação no solo de *P. fluorescens* @ 5g/planta

T3 - Aplicação no solo de *T. viride* @ 10g/planta

T4 - Aplicação no solo de *T. viride* @ 5g/planta

T5 - Tl $_{+T3}$

T6 - $_{T2 +T4}$

T7 - Carbofurão 3G @ 1kg a.i./ha

T8 - Controlo não tratado

4.2.1.7. Peso da raiz

Na variedade V1, a combinação de *P. fluorescens* @ 10g/planta + *T. viride* @ 10g/planta registou o maior peso de raiz de 120,09g, o que representou um aumento de 140,95 por cento em relação ao controlo. Da mesma forma, *P. fluorescens* @ 5g/planta + *T. viride* @ 5g/planta foi o segundo melhor no aumento do peso da raiz e foi 111,91g com um aumento de 124,54 por cento em relação ao controlo. Este tratamento foi seguido por *P. fluorescens* @ 10g/planta e *T. viride* @ 10g/planta, *P. fluorescens* @ 5g/planta, *T. viride* @ 5g/planta e carbofuran, que mostraram 80,66, 64,20, 55,98, 50,42 e 27,99 por cento de aumento sobre o controlo, respetivamente (Quadro 2). Na variedade S36, a aplicação combinada de *P. fluorescens* @ 10g/planta + *T. viride* @ 10g/planta registou o maior peso de raiz de 99,16g, o que representou um aumento de 80,42 por cento em relação ao controlo. *P. fluorescens* @ 5g/planta + *T. viride* @ 5g/planta foi o segundo melhor em termos de aumento do peso da raiz, com um aumento de 48,74 por cento em relação ao controlo, seguido de *P. fluorescens* @ 10g/planta, *P. fluorescens* @ 5g/planta, *T. viride* @ 5g/planta, *T. viride* @ 10g/planta e carbofurano, com um aumento de 38,81, 16,88, 32,84, 21,03 e 11,49 por cento em relação ao controlo, respetivamente (Quadro 3).

4.2.2. Influência dos agentes de biocontrolo na população de nemátodos

4.2.2.1. População de nemátodes do solo

Na variedade V1, a população mais baixa do solo de 52,64/250g de solo (79,28% inferior ao controlo) foi observada em plantas que receberam *P. fluorescens* @ 10g/planta + *T. viride* @ 10g/planta. O próximo tratamento eficaz foi *P. fluorescens* @ 5g/planta + *T. viride* @ 5g/planta (75,18) com 70,41% de redução em relação ao controlo. A população de nematóides do solo em outros tratamentos variou de 80,94 a 168,73. A população mais elevada (254,12) foi registada em plantas de controlo não tratadas (Quadro 4). Na variedade S36, a menor população do solo (58,24), com 77,64% de redução, foi observada nas plantas que receberam *P. fluorescens* @ 10g/planta + *T. viride* @ 10g/planta, seguida pelas plantas que receberam *P. fluorescens* @ 5g/planta + *T. viride* @ 5g/planta (82,92), com 68,17% de redução em relação à testemunha. A população de nematóides do solo em outros tratamentos variou de 88,92 a 172,32. A maior população foi registada em plantas não tratadas (260,53) (Quadro 5).

Table 4. Eficácia de agentes de biocontrolo na população de nemátodos em amoreira (Var. V1) infestada com *M. incognita*

(Média de 3 repetições)

Tratamentos	População de nemátodes / 250 g de solo	Número de fêmeas/g de raiz	Número de massas de ovos/g raiz	Número de ovos/massa de ovos	Índice de galhas	População antagonista do solo (cfu/g de solo)
P. fluorescens @ 10g/planta	98.14 (-61.38)	14.00 (-54.54)	12.80 (-50.39)	224.15 (-30.07)	(-2	2.2×10^6
P. fluorescens @ 5g/planta	112.62 (-55.68)	14.60 (-52.59)	12.70 (-50.77)	238.43 (-25.62)	(-2	1.2×10^6
T. viride @ 10g/planta	145.58 (-42.71)	14.20 (-53.89)	12.30 (-52.32)	251.66 (-21.49)	(-2	1.6×10^6
T. viride @ 5g/planta	168.73 (-33.60)	18.90 (-38.64)	15.50 (-39.92)	259.24 (-19.13)	(-2	1.1×10^6
P. fluorescens @ 10g/planta + *T. viride* @ 10g/planta	52.64 (-79.28)	12.00 (-61.04)	10.80 (-58.14)	180.48 (-43.69)	(-2	3.1×10 *[5] $4,6 \times 10^5$ **
P. fluorescens @ 5g/planta + *T. viride* @ 5g/planta	75.18 (-70.41)	12.80 (-58.44)	11.40 (-55.81)	197.54 (-38.38)	(-2	2.2×10 *[4] $3,8 \times 10^4$ **
Carbofurão 3G a 1 kg a.i./ha	80.94 (-68.15)	15.30 (-50.32)	13.80 (-46.51)	210.63 (-34.29)	(-3	-
Controlo	254.12	30.80	25.80	320.56	5	-
CD (p=0,05)	4.764	0.606	0.522	8.268	-	-

Os valores entre parênteses correspondem a uma diminuição percentual em relação ao controlo.

1 *Pseudomonas fluorescens* no solo

2 ** Trichoderma viride* no solo

ufc - unidades formadoras de colónias

Table 5. Eficácia de agentes de biocontrolo na população de nemátodos em amoreira (Var. S36) infestada com *M. incognita*

(Média de 3 repetições)

Tratamentos	População de nemátodes (250 g de solo)	Número de fêmeas/g de raiz	Número de massas de ovos/g raiz	Número de ovos/massa de ovos	Índice de galhas	População antagonista do solo (cfu/g de solo)
P. fluorescens @ 10g/planta	95.75 (-63.25)	12.56 (-56.81)	11.34 (-53.98)	226.14 (-29.73)	2	$2.3x10^6$
P. fluorescens @ 5g/planta	115.12 (-55.81)	13.16 (-54.74)	12.16 (-50.65)	242.34 (-25.35)	2	$1.5x10^6$
T. viride @ 10g/planta	149.96 (-42.44)	12.56 (-56.81)	12.56 (-49.02)	255.66 (-21.25)	2	$1.3x10^6$
T. viride @ 5g/planta	172.32 (-33.86)	14.36 (-50.62)	11.14 (-54.79)	263.42 (-18.86)	2	$1.1x10^6$
P. fluorescens @ 10g/planta +*T. viride* @ 10g/planta	58.24 (-77.64)	10.58 (-63.62)	8.06 (-67.29)	184.84 (-43.06)	2	$3.2x10 *^5$ $4,5x10^5$ **
P. fluorescens @ 5g/planta + *T. viride* @ 5g/planta	82.92 (-68.17)	11.42 (-60.73)	9.25 (-62.46)	201.45 (-37.95)	2	$2.1x10 *^4$ $4.0x10^4$ **
Carbofurão 3G @ 1 kg a.i./ha	88.92 (-65.87)	17.32 (-40.44)	13.26 (-46.18)	214.36 (-33.97)	3	-
Controlo	260.53	26.35	24.64	324.65	5	-
CD(p=0,05)	4.905	0.558	0.473	8.504	-	-

Os valores entre parênteses correspondem a uma diminuição percentual (-) em relação ao controlo.

1 *Pseudomonas fluorescens* no solo.

2 * *Trichoderma viride* no solo.

ufc - unidades formadoras de colónias

4.2.2.2. Número de fêmeas

Na variedade V1, o número de fêmeas adultas foi reduzido em 61,04 por cento no tratamento com *P. fluorescens* e *T. viride* cada @ 10g/planta seguido de *P. fluorescens* e *T. viride* cada @ 5g/planta, que registou menos 58,44 por cento de fêmeas adultas do que o controlo (Quadro 4). Na variedade S36, o número de fêmeas adultas foi reduzido em 63,62% no tratamento com *P. fluorescens* @ 10g/planta

+ *T. viride* @ 10g/planta, seguido por *P. fluorescens* @ 5g/planta + *T. viride* @ 5g/planta, que registou uma redução de 60,73% em relação ao controlo (Quadro 5).

4.2.2.3. Número de massas de ovos

Na variedade V1, o maior número de massas de ovos (25,80) foi observado nas raízes das plantas de controlo. A dose mais elevada de 10 g cada de *P. fluorescens* e *T. viride* registou o número mais baixo de 10,80 massas de ovos/g de raiz com uma diminuição de 58,14 por cento em relação ao controlo. Os tratamentos, *P. fluorescens* @ 10g/planta (50,39), *P. fluorescens* @ 5g/planta (50,77%) e *T. viride* @ 10g/planta (52,32%) foram iguais entre si. A redução percentual do número de massas de ovos/g de raiz foi maior com carbofuran 3G @ 1kg a.i./ha (46,51%) seguido por *T. viride* @ 5g/planta que registou uma redução de 39,92% em relação ao controlo (Quadro 4). Na variedade S36, o maior número de massas de ovos (24,64) foi observado nas raízes das plantas de controlo. A dose mais elevada de *P. fluorescens* e *T. viride*, cada uma a 10g/planta, registou o número mais baixo de (8,06) massas de ovos/g de raiz, com uma diminuição de 67,29 por cento em relação ao controlo. Seguiu-se o tratamento *P. fluorescens* @ 5g/planta + *T. viride* @ 5g/planta (9,25) com 62,46% de redução em relação ao controlo (Quadro 5).

4.2.2.4. Número de ovos/massa de ovos

Na variedade V1, o menor número de ovos/massa de ovos (180,48) foi observado na dose mais alta de *P. fluorescens* + *T. viride* @ 10 + 10 g/planta com uma diminuição de 43,69 por cento em relação ao controlo. Seguiu-se *P. fluorescens* + *T. viride* @ 5 + 5 g/planta (197,54 ovos/massa de ovos) com uma diminuição de 38,38 por cento em relação ao controlo. Nos restantes tratamentos, o número de ovos por massa de ovos variou entre 210,63 e 259,24. O maior número de ovos por massa de ovos (320,56) foi observado em raízes de plantas de controlo não tratadas (Quadro 4). Na variedade S36, o menor número de ovos/massa de ovos (184,84) foi observado com uma dose mais elevada de 10 g cada de *P. fluorescens* e *T. viride*, com uma diminuição de 43,06 por cento em relação ao controlo. Seguiram-se *P. fluorescens* e *T. viride* cada um a 5g/planta (201,45 ovos/massa de ovos) com uma diminuição de 37,95% em relação ao controlo. Nos restantes tratamentos, os ovos por massa de ovos variaram entre 214,36 e 263,42. O maior número de ovos por massa de ovos, 324,65, foi observado em raízes de plantas de controlo não tratadas (Quadro 5).

4.2.2.5. Índice de galhas

Nas variedades V1 e S36, as plantas tratadas com *P. fluorescens* @ 10g/planta + *T. viride* @10g/planta , *P. fluorescens* @ 5g/planta + *T. viride* @ 5g/planta, *P. fluorescens* @ 10g/planta, *P. fluorescens* @ 5g/planta, *T. viride* @ 10g/planta e *T. viride* @ 5g/planta registaram o índice de galhas mais baixo (2) contra o mais alto nas plantas não tratadas (5). As plantas tratadas com

Carbofuran 3G @ 1 kg a.i./ha registaram um índice de galhas de 3 (Quadro 4 e 5).

4.2.3. Capacidade de colonização de bioagentes em amoreira infestada com *M. incognita* 4.2.3.1. Capacidade de colonização de *P. fluorescens* e *T. viride*

Na variedade V1, houve uma correlação positiva com a dosagem e o potencial de colonização de *P. fluorescens*. A aplicação de *P. fluorescens* na dosagem mais alta de 10g/planta registrou a maior colonização do solo, com 2,2 x 10^6 /g de solo, em comparação com a dosagem mais baixa de *P. fluorescens* @ 5g/planta, que registrou 1,2 x 10^6 /g de solo. Tendência semelhante foi observada com *T. viride* também com maior número de unidades formadoras de colónias (1,6 x 10^6 /g solo) na dosagem mais alta de 10g/planta do que na dosagem mais baixa de 5g/planta (1,1 x 10^6 /g solo). Na aplicação combinada, *P. fluorescens* e *T. viride* cada um a 10 g/planta, as unidades formadoras de colónias foram 3,1 x 10^5 e 4,6 x 10^5 /g de solo, respetivamente. Seguiu-se a combinação de *P. fluorescens* @ 5g/planta + *T. viride* @ 5g/planta, que registou 2,2 x 10^4 e 3,8 x 10^4 cfu/g de solo (Quadro 4). Na variedade S36, houve uma correlação positiva com a dosagem e o potencial de colonização de *P. fluorescens*. A aplicação de *P. fluorescens* na dosagem mais alta de 10g/planta registrou a maior colonização com 2,3 x 10^6 /g de solo em comparação com a dosagem mais baixa de *P. fluorescens* @ 5g/planta que registrou 1,5 x 10^6 /g de solo. Foi observada uma tendência semelhante com *T. viride*, com um número mais elevado de unidades formadoras de colónias (1,3 x 10^6 /g de solo) na dose mais elevada de 10g/planta do que na dose mais baixa de 5g/planta (1,1 x 10^6 /g de solo). Na aplicação combinada, *P. fluorescens* e *T. viride* cada um a 10 g/planta, as unidades formadoras de colónias foram 3,2 x 10^5 e 4,5 x 10^5 /g de solo, respetivamente. Seguiu-se a combinação de *P. fluorescens* @ 5g/planta + *T. viride* @ 5g/planta, que registou 2,1 x 10^4 e 4,0 x 10^4 ufc/g de solo de *P. fluorescens* e *T. viride*, respetivamente (Quadro 5).

4.2.4. Alterações fisiológicas induzidas por *M. incognita* na amoreira

4.2.4.1. Teor de humidade das folhas de amoreira

Na variedade V1, não houve alteração no teor de humidade das folhas devido à aplicação de bioagentes. Em todos os tratamentos, incluindo o carbofurano, não houve alteração significativa no teor de humidade (Quadro 6). Tendência semelhante também foi observada na variedade S36 (Tabela 7).

4.2.4.2. Teor de proteínas

Na variedade V1, o teor mais elevado de proteínas (75,30 mg/g) foi registado em plantas tratadas com *P. fluorescens* @ 10g/planta + *T. viride* @ 10g/planta, que foi 96,60 por cento superior ao controlo. Seguiu-se o tratamento, combinação de *P. fluorescens* + *T. viride* cada um @ 5g/planta (68,70 mg/g), que foi 79,37 por cento mais elevado do que o controlo. Este tratamento foi seguido por *P. fluorescens*

@ 10g/planta, *T. viride* @ 10g/planta, *P. fluorescens* @ 5g/planta, *T. viride* @ 5g/planta e carbofuran com os conteúdos proteicos de 71,28, 69,19, 63,18, 57,96 e 39,42 por cento de aumento em relação ao controlo, respetivamente (Quadro 6). Na variedade S36, o teor de proteínas mais elevado (82,80 mg/g) foi registado no tratamento *P. fluorescens* @ 10g/planta + *T. viride* @ 10g/planta, que foi 90,78 por cento mais elevado do que o controlo. Seguiu-se o tratamento com a combinação de *P. fluorescens* + *T. viride a* cada 5g/planta (71,50 mg/g), o que representou um aumento de 64,75 por cento em relação ao controlo. Este tratamento foi seguido por *P. fluorescens* @ 5g/planta, *T. viride* @ 5g/planta, *P. fluorescens* @ 10g/planta, carbofuran, *T. viride* @ 10g/planta, e com os conteúdos proteicos de 28,11, 25,34, 22,91, 20,51 e 20,20 por cento sobre o controlo, respetivamente (Quadro 7).

4.2.4.3. Teor de azoto

Na variedade V1, o tratamento *P. fluorescens* @ 10g/planta + *T. viride* @ 10g/planta registou o teor de azoto mais elevado, com um aumento de 5,37 por cento em relação ao controlo, seguido do tratamento *P. fluorescens* @ 5g/planta + *T. viride* @ 5g/planta, com um teor de azoto 5,05 por cento superior ao controlo (Quadro 6). Na variedade S36, o tratamento *P. fluorescens* @ 10g/planta + *T. viride* @ 10g/planta registou o teor de azoto mais elevado, com um aumento de 4,88% em relação ao controlo, seguido do tratamento *P. fluorescens* @ 5g/planta + *T. viride* @ 5g/planta, que registou um teor de azoto foliar 4,67% superior ao controlo (quadro 7).

Table 6. Eficácia de agentes de biocontrolo nas alterações fisiológicas em folhas de amoreira (Var. V1) infestadas com *M. incognita.*

(Média de 3 repetições)

Tratamentos	Teor de humidade (%)	Proteína (mg/g)	Nitrogénio (%)	Teor de clorofila (mg/g)		
				Chl A	Chl B	Chl. total
P. fluorescens @ 10g/planta	74.90 (59.93)*	65.60 (+71.28)	4.94 (12.84)*	1.50 (+44.23)	0.48 (+37.14)	2.04 (+40.69)
P. fluorescens @ 5g/planta	74.23 (59.49)*	62.50 (+63.18)	4.34 (12.02)*	1.39 (+33.65)	0.44 (+25.71)	1.79 (+23.45)
T. viride @ 10g/planta	72.65 (58.47)*	64.80 (+69.19)	4.90 (12.79)*	1.46 (+11.45)	0.45 (+28.57)	1.96 (+35.17)
T. viride @ 5g/planta	74.54 (59.69)*	60.50 (+57.96)	3.87 (11.34)*	1.32 (+26.92)	0.43 (+22.86)	1.79 (+23.45)
P. fluorescens @ 10g/planta +*T. viride* @ 10g/planta	74.29 (59.53)*	75.30 (+96.60)	5.37 (13.39)*	1.64 (+57.69)	0.54 (+54.28)	2.25 (+55.17)

Tratamentos	Teor de humidade (%)	Proteína (mg/g)	Azoto (%)	Chl A	Chl B	Chl total
P. fluorescens @ 5g/planta +*T. viride* @ 5g/planta	74.50 (59.67)*	68.70 (+79.37)	5.05 (12.99)*	1.56 (+50.00)	0.52 (+48.57)	2.15 (+48.27)
Carbofurão 3G a 1 kg a.i./ha	74.20 (59.47)*	53.40 (+39.42)	3.61 (10.95)*	1.31 (+25.96)	0.42 (+20.00)	1.88 (+29.65)
Controlo	72.33 (58.26)*	38.30	1.26 (6.44)*	1.04	0.35	1.45
CD(p=0,05)	NS	2.147	0.207	0.049	0.015	0.066

Os valores entre parênteses correspondem ao aumento percentual em relação ao controlo.

* Os números entre parênteses indicam valores transformados em arco-seno.

Table 7. Eficácia de agentes de biocontrolo nas alterações fisiológicas em folhas de amoreira (Var. S36) infestadas com *M. incognita*

(Média de 3 repetições)

Tratamentos	Teor de humidade (%)	Proteína (mg/g)	Azoto (%)	Teor de clorofila (mg/g)		
				Chl A	Chl B	Chl total
P. fluorescens @ 10g/planta	69.78 (56.65)*	56.30 (+22.91)	4.48 (12.22)*	0.98 (+60.65)	0.30 (+50.00)	1.35 (+58.82)
P. fluorescens @ 5g/planta	69.31 (56.36)*	55.60 (+28.11)	3.80 (11.24)*	0.93 (+52.46)	0.29 (+45.00)	1.24 (+45.88)
T. viride @ 10g/planta	72.17 (58.16)*	63.60 (+20.20)	4.01 (11.55)*	0.97 (+59.02)	0.29 (+45.00)	1.32 (+55.29)
T. viride @ 5g/planta	72.38 (58.29)*	54.40 (+25.34)	3.83 (11.28)*	1.00 (+63.93)	0.29 (+45.00)	1.20 (+41.18)
P. fluorescens @ 10g/planta +*T. viride* @ 10g/planta	72.35 (58.27)*	82.80 (+90.78)	4.88 (12.76)*	1.24 (+103.28)	0.42 (+110.00)	1.73 (+103.53)
P. fluorescens @ 5g/planta + *T. viride* @ 5g/planta	72.05 (58.08)*	71.50 (+64.75)	4.67 (12.48)*	1.08 (+77.05)	0.32 (+60.00)	1.41 (+65.88)
Carbofurão 3G a 1 kg a.i./ha	69.61 (56.54)*	52.30 (+20.51)	3.71 (11.10)*	0.72 (+18.03)	0.28 (+40.00)	1.30 (+52.94)
Controlo	69.23 (56.31)*	43.40	3.17 (10.25)*	0.61	0.20	0.85
CD(p=0,05)	NS	2.115	0.204	0.033	0.010	0.045

Os valores entre parênteses correspondem a um aumento percentual (+) em relação ao controlo Os valores entre parênteses indicam valores transformados em arco-seno.

4.2.4.4. Teor de clorofila

Na variedade V1, houve um aumento significativo da clorofila A no tratamento *P. fluorescens* @ 10g/planta + *T. viride* @ 10g/planta, com um aumento de 57,69 por cento em relação ao controlo. Seguiu-se *P. fluorescens* @ 5g/planta + *T. viride* @ 5g/planta com um aumento de 50,00 por cento em relação ao controlo (Quadro 6). Foram encontradas tendências semelhantes para a clorofila B e o conteúdo total de clorofila. A clorofila B e a clorofila total foram mais elevadas em *P. fluorescens* @ 10g/planta + *T. viride* @ 10g/planta, com um aumento de 54,28 e 55,17 por cento, respetivamente, em relação ao controlo. O segundo melhor tratamento foi *P. fluorescens* @ 5g/planta + *T. viride* @ 5g/planta (0,52 e 2,15 mg/g de clorofila B e clorofila total, respetivamente) com 48,57 e 48,27 por cento de aumento em relação ao controlo, respetivamente (Quadro 6). Na variedade S36, verificou-se um aumento significativo da clorofila A no tratamento *P. fluorescens* @ 10g/planta + *T. viride* @ 10g/planta, com um aumento de 103,28% em relação ao controlo. Seguiu-se *P. fluorescens* @ 5g/planta + *T. viride* @ 5g/planta com um aumento de 77,05 por cento em relação ao controlo. Foram observadas tendências semelhantes para os teores de clorofila B e clorofila total. A clorofila B e a clorofila total foram mais elevadas em *P. fluorescens* @ 10g/planta + *T. viride* @ 10g/planta (0,42 e 1,73 mg/g respetivamente), o que representou um aumento de 110,00 e 103,53 por cento em relação ao controlo. O próximo melhor tratamento foi *P. fluorescens* @ 5g/planta + *T. viride* @ 5g/planta (0,32 e 1,41 mg/g de clorofila B e clorofila total, respetivamente) com 60,00 e 65,88 por cento de aumento em relação ao controlo, respetivamente (Quadro 7).

4.3. Biogestão de *M. incognita* em amoreira em condições de campo

4.3.1. Influência dos agentes de biocontrolo nos parâmetros de crescimento das plantas 4.3.1.1. Número de ramos

O maior número de ramos (15,80) foi registado em plantas tratadas com *P. fluorescens* + *T. viride* cada uma a 10g/planta, o que representou um aumento de 49,06 por cento em relação ao controlo (10,60). O segundo melhor tratamento foi a aplicação de *P. fluorescens* @ 5g/planta + *T. viride* @ 5g/planta com 48,11 por cento de aumento em relação ao controlo (Quadro 8).

4.3.1.2. Número de folhas

As plantas tratadas com *P. fluorescens* e *T. viride* cada uma @ 10g/planta tiveram mais número de folhas (352,43) que foi 71,46 por cento mais alto do que o controlo que foi seguido por *P. fluorescens* @ 5g/planta e *T.viride* @ 5g/planta (300,56) que foi 46,23 por cento mais alto do que o controlo (Quadro 8; Fig.2).

Tabela 8. Efeito dos agentes de biocontrolo nos caracteres de crescimento das plantas de amoreira em campos infestados com *M. incognita*

(Dados agrupados de duas experiências)

(Média de 3 repetições)

Tratamentos	Número de sucursais	Número de folhas	Área foliar (cm2)	Altura da planta (cm)	Comprimento do ramo (cm)	Peso do ramo /5 n.ºs (g)	100 peso da folha (g)
P. fluorescens @ 10g/planta	15.40 (+45.28)	294.16 (+43.11)	169.17 (+28.87)	270.45 (+25.42)	195.36 (+39.18)	1325.37 (+31.94)	533.26 (+35.29)
P. fluorescens @ 5g/planta	13.50 (+27.36)	270.37 (+31.54)	145.96 (+11.19)	260.35 (+20.74)	190.34 (+35.61)	1425.94 (+41.95)	482.98 (+22.54)
T. viride @ 10g/planta	14.60 (+37.73)	290.64 (+41.40)	163.29 (+24.39)	265.65 (+23.19)	195.64 (+39.38)	1450.13 (+44.36)	532.36 (+35.07)
T. viride @ 5g/planta	13.40 (+26.41)	251.15 (+22.19)	143.64 (+9.42)	240.76 (+11.65)	180.38 (+28.51)	1350.89 (+34.48)	482.54 (+22.43)
P. fluorescens @ 10g/planta + *T. viride* @10g/planta	15.80 (+49.06)	352.43 (+71.46)	235.29 (+79.24)	290.27 (+34.61)	210.39 (+49.89)	1600.56 (+59.33)	639.04 (+62.13)
P. fluorescens @ 5g/planta + *T. viride* @ 5g/planta	15.70 (+48.11)	300.56 (+46.23)	231.14 (+76.08)	275.48 (+27.75)	200.83 (+43.08)	1500.75 (+49.39)	606.44 (+53.86)
Carbofurão 3G a 1 kg a.i./ha	11.40 (+7.55)	230.82 (+12.29)	136.59 (+4.05)	240.58 (+11.57)	180.57 (+28.65)	1200.02 (+19.52)	415.48 (+5.41)
Controlo	10.60	205.54	131.27	215.63	140.36	1004.52	394.14
CD(p=0,05)	0.069	1.601	1.446	0.833	0.745	19.670	2.985

Os valores entre parênteses correspondem ao aumento percentual (+) em relação ao controlo

Fig.2. Efeito dos agentes de biocontrolo no número de folhas, área foliar e peso foliar da amoreira inoculada com *M. incognita* em condições de campo

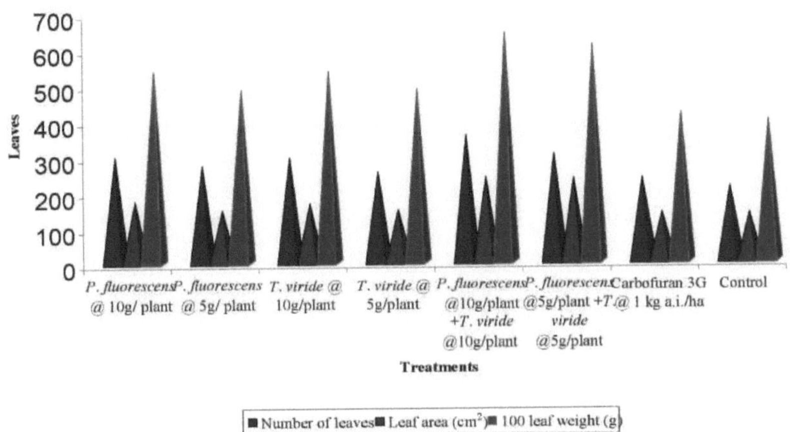

1.1.1.3. Área foliar

A maior área foliar de 235,29 cm^2 foi registada em plantas tratadas com *P. fluorescens* @ 10g/planta + *T. viride* @ 10g/planta, que foi 79,24 por cento maior do que o controlo. O segundo melhor tratamento foi *P. fluorescens* @ 5g/planta + *T. viride* @ 5g/planta, que registou uma área foliar de 231,14 cm^2 , 76,08 por cento superior à do controlo (Quadro 8; Fig. 2).

1.1.1.4. Altura da planta

A maior altura de planta (290,27 cm) foi registada em *P. fluorescens* @ 10g/planta + *T. viride* @ 10g/planta, o que representou um aumento de 34,61 por cento em relação ao controlo, seguido de *P. fluorescens* @ 5g/planta + *T. viride* @ 5g/planta (275,48), o que representou um aumento de 27,75 por cento em relação ao controlo (Quadro 8).

1.1.1.5. Comprimento do ramo

O maior comprimento de ramo (210,39 cm) foi observado com uma dose mais elevada da combinação de *P. fluorescens* + *T. viride* cada um a 10g/planta, com um aumento de 49,89 por cento em relação ao controlo (140,36). Este tratamento foi seguido pela aplicação no solo da combinação de *P. fluorescens* @ 5g/planta + *T. viride* @ 5g/planta (200,83 cm) com um aumento de 43,08 por cento em relação ao controlo. *P. fluorescens* @ 10g/planta (195,36 cm) e *T. viride* @ 10g/planta (195,64 cm) foram iguais entre si. O tratamento com Carbofuran 3G (180,57 cm) foi igual ao de *T. viride* @ 5g/planta (180,38 cm) (Quadro 8).

1.1.1.6. Peso do ramo

Houve um aumento significativo no peso dos ramos nas plantas tratadas com bioagentes em comparação com o controlo. O maior peso de ramo, 1600,56g, foi registado no tratamento *P. fluorescens* @ 10g/planta + T. *viride* @ 10g/planta (59,33% de aumento em relação ao controlo). O segundo maior peso de ramo (1500,75g) foi registado no tratamento *P. fluorescens* @ 5g/planta + *T. viride* @ 5g/planta, que foi 49,39 por cento maior do que o controlo (Tabela 8). **4.3.1.7. Peso de 100 folhas**

A dose mais elevada da combinação de *P. fluorescens* @ 10g/planta + *T. viride* @ 10g/planta registou o maior peso de 100 folhas de 639,04g, o que representou um aumento de 62,13 por cento em relação ao controlo. *P. fluorescens* @ 5g/planta + *T. viride* @ 5g/planta foi a segunda melhor combinação, registando 606,44 g de peso de 100 folhas, com um aumento de 53,86 por cento em relação ao controlo (Quadro 8; Fig. 2).

4.3.2. Influência dos agentes de biocontrolo na população de nemátodos

4.3.2.1. População de nemátodes do solo

A menor população de nematóides (99,54), com redução de 52,63%, foi observada em plantas que receberam tratamento combinado de dose mais alta de *P. fluorescens* @ 10g/planta + *T. viride* @ 10g/planta. Esse tratamento foi seguido por *P. fluorescens* @ 5g/planta + *T. viride* @ 5g/planta (110,02) com 47,64% de redução em relação ao controle. A população de nematóides do solo em outros tratamentos variou de 121,56 a 172,13. A maior população (210,12) foi registada em plantas não tratadas (Quadro 9; Fig. 3).

4.3.2.2. Número de fêmeas

O número de fêmeas adultas nas raízes foi reduzido em 61,58 por cento no tratamento de *P. fluorescens* e *T. viride* cada um @ 10g/planta. Seguiu-se o tratamento com *P. fluorescens* @ 5g/planta + *T. viride* @ 5g/planta, que representou uma redução de 57,88 por cento em relação ao controlo (Quadro 9; Fig. 3).

4.3.2.3. Número de massas de ovos

O maior número de massas de ovos (26,14) foi observado nas raízes das plantas de controlo. A dose mais elevada de *P. fluorescens* @ 10g/planta + *T. viride* @ 10g/planta registou o número mais baixo de massas de ovos (11,54) com uma diminuição de 55,85 por cento em relação ao controlo, enquanto o tratamento de *P. fluorescens* @ 5g/planta e *T. viride* @ 5g/planta registou o número de massas de ovos de 12,56, uma diminuição de 51,95 por cento em relação ao controlo (Quadro 9; Fig. 3).

4.3.2.4. Número de ovos/massa de ovos

A dose mais elevada de 10 g cada de *P. fluorescens* e *T. viride* @ 10g/planta registou o número mais baixo de ovos (186,98) por massa de ovos com uma diminuição de 42,95 por cento em relação ao controlo. Seguiu-se *P. fluorescens* @ 5g/planta + *T. viride* @ 5g/planta (203,94) com uma diminuição de 37,78 por cento em relação ao controlo. Nos outros tratamentos, o número de ovos por massa de ovos variou de 216,43 a 265,42. O número mais elevado de 327,76 ovos por massa de ovos foi observado em raízes de plantas de controlo não tratadas (Quadro 9; Fig. 3).

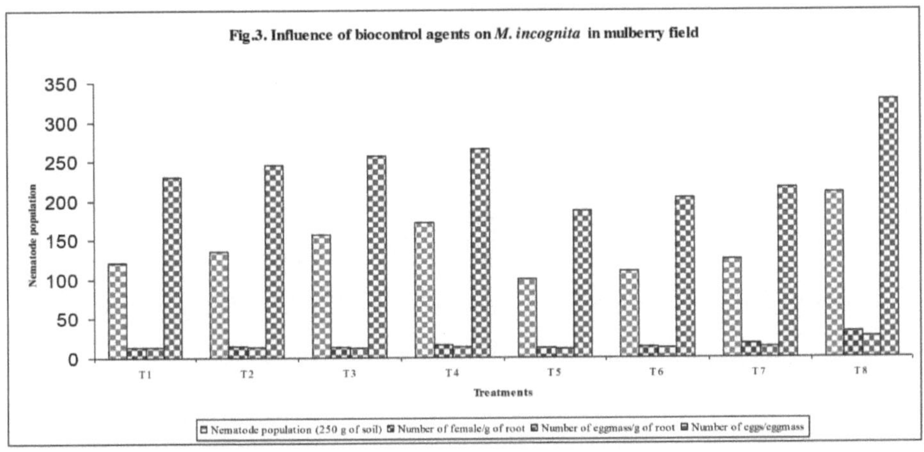

T₁ - Soil application of *P. fluorescens* @ 10g/plant

T₂ Soil application of *P. fluorescens* @ 5g/plant

T₃ - Soil application of *T. viride* @ 10g/plant

T₄ - Soil application of *T. viride* @ 5g/plant

T₅ – T₁ +T₃

T₆ – T₂ +T₄

T₇ – Carbofuran 3G @ 1kg a.i./ha

T₈ – Untreated control

Table 9. Efeito de agentes de biocontrolo na população de nemátodos em campos de amoreira infestados com *M. incognita*

(Dados agrupados de duas experiências)

(Média de 3 repetições)

Tratamentos	População de nemátodes (250 g de solo)		Número de fêmeas/g de raiz		Número de massas de ovos/g de raiz		Número de ovos/massa de ovos		Índice de galhas	População antagonista do solo (cfu/g de solo)
P. fluorescens @ 10g/planta	121.56 (42.15)	(-	14.44 (55.44)	(-	13.44 (48.58)	(-	230.51 (29.67)	(-	2	2.2x10⁶

Tratamento						
P. fluorescens @ 5g/planta	135.72 (-35.41)	15.72 (-51.49)	13.72 (-47.51)	245.34 (-25.15)	2	1.4×10^6
T. viride @ 10g/planta	156.85 (-25.35)	14.39 (-55.60)	12.93 (-50.53)	256.67 (-21.69)	2	1.2×10^6
T. viride @ 5g/planta	172.13 (-18.08)	15.83 (-51.16)	13.38 (-48.81)	265.42 (-19.02)	2	1.2×10^6
P. fluorescens @ 10g/planta +*T. viride* @10g/planta	99.54 (-52.63)	12.45 (-61.58)	11.54 (-55.85)	186.98 (-42.95)	2	3.1×10 *[5] $4,6 \times 10^5$ **
P. fluorescens @5g/planta + *T. viride* @5g/planta	110.02 (-47.64)	13.65 (-57.88)	12.56 (-51.95)	203.94 (-37.78)	2	2.2×10 *[4] 4.1×10^4 **
Carbofurão 3G a 1 kg a.i./ha	125.58 (-40.23)	18.10 (-44.15)	14.10 (-46.06)	216.43 (-33.97)	3	-
Controlo	210.12	32.41	26.14	327.76	5	-
CD(p=0,05)	1.278	0.224	0.163	1.532	-	-

Os valores entre parênteses correspondem ao aumento percentual (+) em relação ao controlo.

1 *Pseudomonas fluroscence* no solo.

2 * *Trichoderma viride* no solo.

4.3.2.5. Índice de galhas

As plantas tratadas com *P. fluorescens* @ 10g/planta + *T. viride* @ 10g/planta, *P. fluorescens* @ 5g/planta + *T. viride* @ 5g/planta, *P. fluorescens* @ 10g/planta, *P. fluorescens* @ 5g/planta, T. *viride* @ 10g/planta e *T. viride* @ 5g/planta registaram o índice de galhas mais baixo (2) contra o índice de galhas mais alto de 5 em plantas de controlo não tratadas. As plantas tratadas com Carbofuran 3G @ 1 kg a.i./ha registaram um índice de galhas de 3 (Quadro 9).

4.3.3. Capacidade de colonização de bioagentes contra *M. incognita* em amoreira

4.3.3.1. Capacidade de colonização de *P. fluorescens* e *T. viride*

A aplicação de *P. fluorescens* na dosagem mais alta de 10g/planta registou a maior colonização com $2,2 \times 10^6$ cfu/g de solo comparado com a dosagem mais baixa de *P. fluorescens* @ 5g/planta que registou $1,4 \times 10^6$ cfu/g de solo. Foi observada uma tendência semelhante com *T. viride,* com um número mais elevado de unidades formadoras de colónias ($1,2 \times 10^6$ /g de solo) na dose mais elevada de 10g/planta do que na dose mais baixa de 5g/planta ($1,2 \times 10^6$ /g de solo) (Quadro 11). No tratamento combinado de *P. fluorescens* + *T. viride* cada um a 10 g/planta, as unidades formadoras de colónias foram $3,1 \times 10^5$ e $4,6 \times 10^5$ /g de *P. fluorescens* e *T. viride* do solo, respetivamente.

Seguiu-se a combinação de *P. fluorescens* @ 5g/planta + *T. viride* @ 5g/planta e as unidades de formação de colónias foram 2,2 x 10⁴ e 4,1 x 10⁴ /g *P. fluorescens* e *T. viride* do solo, respetivamente (Quadro 9).

4.3.4. Alterações fisiológicas induzidas por *M. incognita* na amoreira

4.3.4.1. Teor de humidade

O teor de humidade mais elevado foi registado no tratamento *P. fluorescens* @10g/planta + *T. viride* @ 10/g/planta com um aumento de 73,57 por cento em relação ao controlo. Seguiu-se o tratamento *P. fluorescens* @ 5g/planta + *T. viride* @ 5/g planta (73,24 por cento de aumento em relação ao controlo) (Quadro 10; Fig. 4).

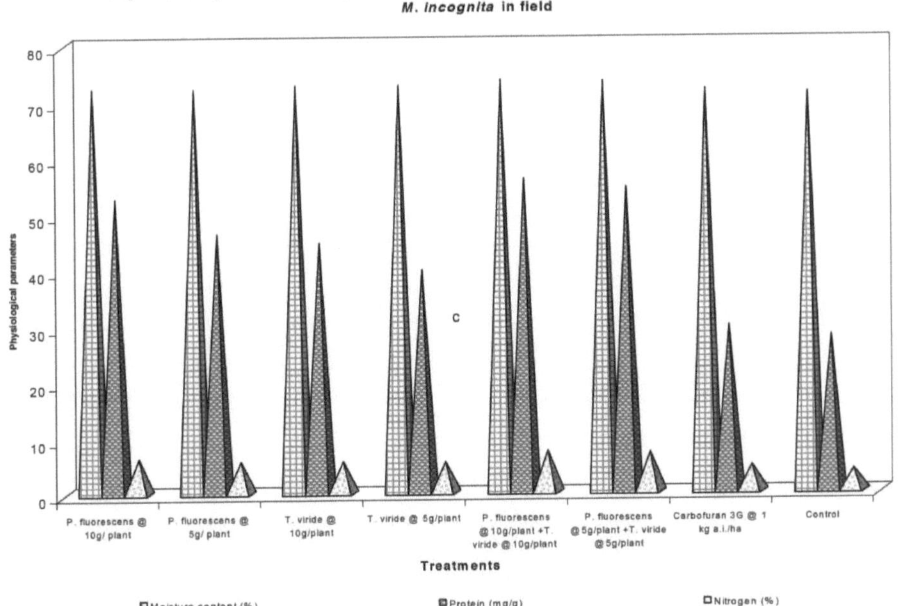

Table 10.   Eficácia dos agentes de biocontrolo nas alterações fisiológicas das folhas de amoreira devido ao nemátodo dos nós radiculares, *M. incognita* (Dados agrupados de duas experiências de campo) (Média de 3 repetições)

Tratamentos	Teor de humidade	Proteína (mg/g)	Nitrogénio (%)	Teor de clorofila (mg/g)		
				Chl A	Chl B	Chl total
P. fluorescens @ 10g/planta	72.07 (58.09)*	52.58 (+88.86)	6.22 (14.44)*	2.21 (+148.31)	0.74 (+60.87)	3.21 (+52.13)

P. *fluorescens* @ 5g/planta	72.05 (58.03)*	46.12 (+65.66)	5.99 (14.17)*	1.61 (+80.89)	0.64 (+39.13)	2.99 (+41.71)
T. *viride* @ 10g/planta	72.67 (58.48)*	44.57 (+60.09)	5.73 (13.85)*	1.52 (+70.79)	0.75 (+63.04)	3.09 (+46.44)
T. *viride* @ 5g/planta	72.55 (58.40)*	39.63 (+42.35)	5.57 (13.65)*	1.40 (+57.30)	0.51 (+108.69)	2.71 (+28.44)
P. *fluorescens* @ 10g/planta + T. *viride* @10g/planta	73.57 (59.06)*	55.98 (+101.08)	7.39 (15.79)*	2.33 (+161.79)	0.77 (+67.39)	3.47 (+64.45)
P. *fluorescens* @5g/planta + T. *viride* @5g/planta	73.24 (58.85)*	54.26 (+94.89)	7.09 (15.44)*	2.29 (+157.30)	0.75 (+63.04)	3.21 (+52.13)
Carbofurão 3G a 1 kg a.i./ha	71.80 (57.92)*	29.64 (+6.46)	4.77 (12.61)*	0.93 (+4.49)	0.47 (+2.17)	2.16 (+2.37)
Controlo	71.25 (57.57)*	27.84	4.00 (11.54)*	0.89	0.46	2.11
CD(p=0,05)	0.031	0.378	0.026	0.020	0.004	0.017

Os valores entre parênteses correspondem ao aumento percentual (+) em relação ao controlo.

* *Pseudomonas fluroscence* no solo.

** *Trichoderma viride* no solo.

4.3.4.2. Teor de proteínas

O teor mais elevado de proteínas (55,98 mg/g) foi registado no tratamento P. *fluorescens* @ 10g/planta + T. *viride* @ 10g/planta, que foi 101,08 por cento mais elevado do que o controlo (27,84 mg/g). Seguiu-se o tratamento, P. *fluorescens* + T. *viride* cada um @ 5g/planta (54,26 mg/g) (94,89 por cento de aumento em relação ao controlo). Os outros tratamentos, *nomeadamente, P. fluorescens* @ 10g/planta, P. *fluorescens* @ 5g/planta, T. *viride* @ 10g/planta, T. *viride* @ 5g/planta e carbofuran 3G @ 1 kg a.i./ha registaram teores de proteínas de 88,86, 65,66, 60,09, 42,35 e 6,46 por cento de aumento em relação ao controlo, respetivamente (Quadro 10; Fig. 4).

4.3.4.3. Teor de azoto

O tratamento combinado de P. *fluorescens* @ 10g/planta + T. *viride* @ 10g/planta registou o teor de azoto mais elevado, com um aumento de 7,39 por cento em relação ao controlo e o tratamento seguinte foi P. *fluorescens* @ 5g/planta + T. *viride* @ 5g/planta, que teve um aumento de 7,09 por cento em relação ao controlo (Quadro 10; Fig. 4).

4.3.4.4. Teor de clorofila

Houve um aumento significativo da clorofila A no tratamento de P. *fluorescens* @ 10g/planta + T. *viride* @ 10g/planta, que foi de 161,79 por cento de aumento em relação ao controlo. Seguiu-se P. *fluorescens* @ 5g/planta + T. *viride* @ 5g/planta com um aumento de 157,30 por cento em relação ao controlo (Quadro 10). A clorofila B e a clorofila total foram mais altas em P. *fluorescens* @ 10g/planta + T. *viride* @ 10g/planta (0,77 e 3,47 mg/g respetivamente), o que representa um aumento de

67,39 e 64,45 por cento em relação ao controlo. O próximo melhor tratamento foi *P. fluorescens* @ 5g/planta + *T. viride* @ 5g/planta, que registou 0,75 e 3,21 mg/g de clorofila B e clorofila total, respetivamente. O aumento percentual da clorofila B e da clorofila total foi de 63,04 e 52,13% em relação ao controlo, respetivamente (Quadro 10).

4.3.5. Efeito dos agentes de biocontrolo no peso das larvas do bicho-da-seda e nos parâmetros económicos 4.3.5.1. Peso da larva de 5th instares

O peso das larvas no tratamento de *P. fluorescens* @ 10g/planta + *T. viride* @ 10 g/planta (17,43 % de aumento em relação ao controlo) foi igual ao de *P. fluorescens* @ 5g/planta + *T. viride* @ 5g/planta (17,14 % de aumento em relação ao controlo). Seguiram-se os tratamentos, *P. fluorescens* @ 10g/planta, *P. fluorescens* @ 5g/planta, *T. viride* @ 10g/planta, carbofuran e *T. viride* @ 5g/planta em relação ao controlo (Quadro 11; Fig. 5; Placa 5).

4.3.5.2. Peso do casulo

O peso do casulo no tratamento, *P. fluorescens* @ 10g/planta + *T. viride* @ 10 g/planta (24,01 % de aumento em relação ao controlo) foi igual ao de *P. fluorescens* @ 5g/planta + *T. viride* @ 5g/planta (21,76 % de aumento em relação ao controlo) (Quadro 11; Fig. 5; Placa 6).

4.3.5.3. Peso da casca

O peso das larvas no tratamento *P. fluorescens* @ 10g/planta + *T. viride* @ 10 g/planta (28,86 % de aumento em relação ao controlo) foi igual ao de *P. fluorescens* @ 5g/planta + *T. viride* @ 5g/planta (28,52 % de aumento em relação ao controlo) (Quadro 11).

4.3.5.4. Rácio da casca

O rácio de casca registado em vários tratamentos, *viz.*, *P. fluorescens* @ 10g/planta + *T. viride* @ 10g/planta, *P. fluorescens* @ 5g/planta + *T. viride* @ 5g/planta, *P. fluorescens* @ 10g/planta, *P. fluorescens* @ 5g/planta e *T. viride* @ 10g/planta foram 21,79, 21,54, 20,39, 21,00 e 19,25 por cento, e todos foram iguais entre si. Todos os tratamentos foram significativamente superiores ao controlo. O *T. viride* @ 5g/planta (20,37%) foi equiparado ao carbofurano 3G (18,72%) (Quadro 11; Fig. 6).

4.4. Nemátodo - complexo de doenças fúngicas envolvendo *M. incognita* e *Macrophomina phaseolina*

4.4.1. Parâmetros de crescimento das plantas

4.4.1.1. Número de sucursais

Foi encontrado um maior número de ramos (4,95) no controlo não inoculado, enquanto que o número mínimo de ramos (2,86) foi registado nas plantas inoculadas simultaneamente com nemátodo e fungo e a redução percentual foi de 42,22, o que foi igual à inoculação de nemátodo seguida de fungo 15 dias mais tarde (42,02 por cento menos do que o controlo não inoculado) (Quadro 12). Os outros tratamentos, *ou seja*, apenas o nemátodo, apenas o fungo e o fungo seguido de nemátodo 15 dias mais tarde, foram iguais.

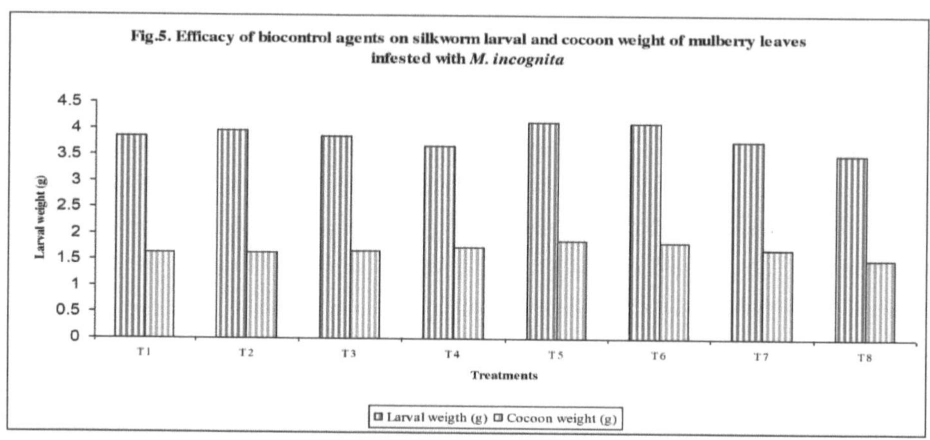

T₁ - Soil application of *P. fluorescens* @ 10g/plant

T₂ - Soil application of *P. fluorescens* @ 5g/plant

T₃ - Soil application of *T. viride* @ 10g/plant

T₄ - Soil application of *T. viride* @ 5g/plant

T₅ – T₁ +T₃

T₆ – T₂ +T₄

T₇ – Carbofuran 3G @ 1kg a.i./ha

T₈ – Untreated control

Tabela 11. Efeito dos agentes de biocontrolo nos parâmetros económicos do bicho-da-seda alimentado com folhas de amoreira infestadas por *M. incognita* (dados agrupados de duas experiências de campo)

(Média de 3 repetições)

Tratamentos	5th peso da larva de instar (g)	Peso do casulo (g)	Peso da casca (g)	Rácio de casca (%)
P. fluorescens @ 10g/planta	3.85 (+10.00)	1.628 (+7.67)	0.332 (+14.09)	20.39 (26.84)*
P. fluorescens @ 5g/planta	3.95 (+12.86)	1.635 (+8.13)	0.306 (+5.15)	21.00 (27.27)*
T. viride @ 10g/planta	3.85 (+10.00)	1.676 (+10.85)	0.361 (+24.05)	19.25 (26.02)*
T. viride @ 5g/planta	3.66 (+4.57)	1.743 (+15.28)	0.349 (+19.93)	20.37 (26.83)*
P. fluorescens @ 10g/planta +*T. viride* @10g/planta	4.11 (+17.43)	1.875 (+24.01)	0.375 (+28.86)	21.79 (27.83)*
P. fluorescens @ 5g/planta +*T. viride* @ 5g/planta	4.10 (+17.14)	1.841 (+21.76)	0.374 (+28.52)	21.54 (27.65)*
Carbofurão 3G @ 1 kg a.i./ha	3.75 (+7.14)	1.714 (+13.36)	0.361 (+24.05)	18.72 (25.64)*

Controlo	3.50	1.512	0.291	16.69 (24.11)*
CD(p=0,05)	0.133	0.059	0.012	0.693

Os valores entre parênteses correspondem ao aumento percentual (+) em relação ao controlo.

* Os números entre parênteses indicam valores transformados em arco-seno.

Plate 4. Silkworm larvae feeding on mulberry leaves from
plants treated with bioagents

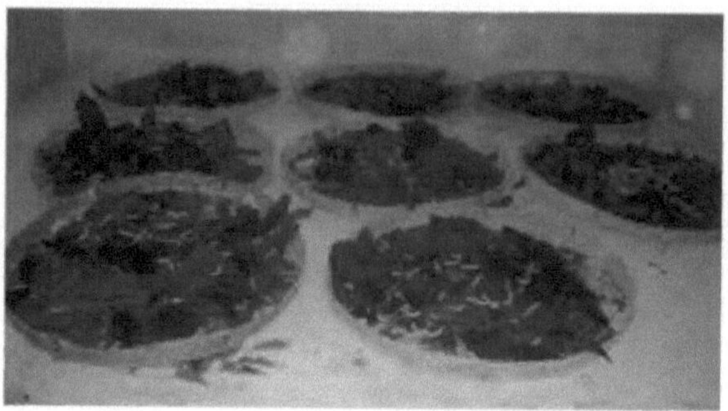

Plate 5. Silkworm larvae fed leaves from treated and untreated mulberry plants

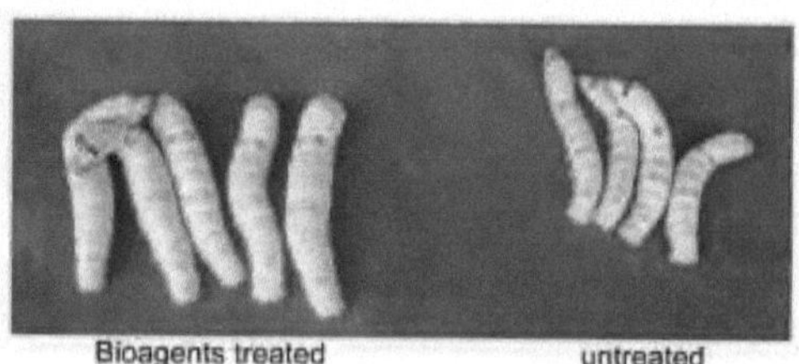

Plate 6. Cocoon from treated and untreated mulberry plants

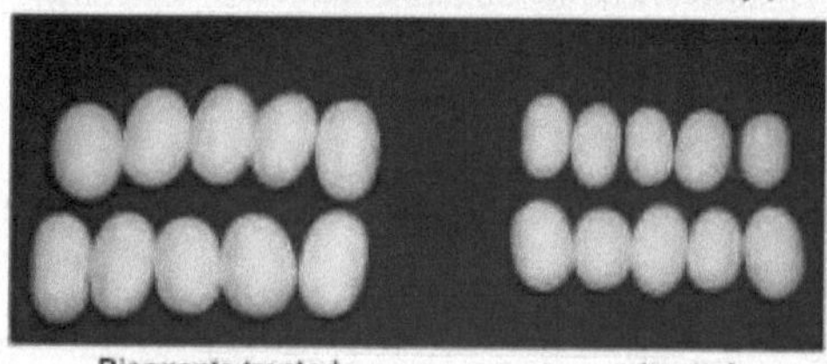

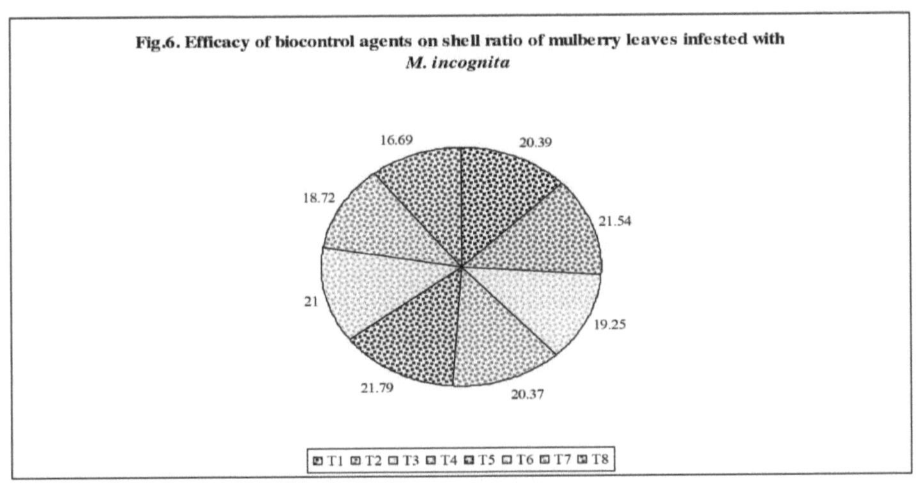

T₁ - Soil application of *P. fluorescens* @ 10g/plant $T_5 - T_1 + T_3$

T_1 - Soil application of *P. fluorescens* @ 10g/plant

T_2 - Soil application of *P. fluorescens* @ 5g/plant

T_3 - Soil application of *T. viride* @ 10g/plant

T_4 - Soil application of *T. viride* @ 5g/plant

$T_5 - T_1 + T_3$

$T_6 - T_2 + T_4$

T_7 – Carbofuran 3G @ 1kg a.i./ha

T_8 – Untreated control

Tabela 12. Efeito de inoculações individuais e combinadas de *M. incognita* e *Macrophomina phaseolina* na amoreira

(Média de 3 repetições)

Tratamentos	Número de sucursais	Número de folhas	Área foliar (cm2)	Comprimento do rebento (cm)	Peso do rebento (g)	Comprimento da raiz (cm)	Peso da raiz (g)	Peso total das folhas	Índice de galhas	Índice de podridão radicular
Nemátodo isolado	3.98 (-19.59)	8.25 (-35.45)	70.43 (-20.28)	37.22 (-20.71)	30.05 (-26.42)	27.54 (-18.21)	15.12 (-31.43)	18.98 (-25.33)	5	0
Apenas fungos	3.97 (-19.79)	8.35 (-34.66)	72.12 (-18.37)	38.82 (-17.29)	30.02 (-26.49)	27.43 (-18.53)	16.32 (-25.99)	18.89 (-25.68)	0	3
Nemátodo e fungo em simultâneo	2.86 (-42.22)	5.25 (-58.92)	32.77 (-62.91)	25.15 (-46.42)	19.90 (-51.27)	15.97 (-52.57)	8.10 (-63.26)	14.02 (-44.84)	3	3
Nemátodo seguido de fungo 15 dias	2.87 (-42.02)	6.00 (-53.05)	43.90 (-	26.92 (-42.65)	20.45 (-49.93)	19.75 (-41.34)	9.20 (-58.28)	14.07 (-44.64)	3	5

depois			50.31)							
Fungo seguido de nemátodo 15 dias depois	3.54 (-28.48)	7.40 (-42.09)	55.75 (-36.89)	33.22 (-29.23)	25.45 (-37.68)	23.12 (-31.33)	11.05 (-49.88)	18.94 (-25.49)	2	4
Controlo sindicalizado	4.95	12.78	88.35	46.94	40.84	33.67	22.05	25.42	0	0
CD(p=0,05)	0.915	1.817	5.608	8.632	6.393	6.160	3.465	4.634		

Os valores entre parênteses correspondem a uma diminuição percentual (-) em relação ao controlo.

1.1.1.2. Número de folhas

O número de folhas foi mais elevado (12,78) no controlo não inoculado. O número mais baixo (5,25) de folhas foi registado na inoculação simultânea de nemátodo e fungo. A maior redução de 58,92% no número de folhas foi observada neste tratamento e foi igual à do nemátodo, seguida pelo fungo 15 dias depois (6,00) e a redução percentual foi de 53,05% em relação ao controlo não inoculado (Quadro 12; Fig. 7). Os tratamentos só com nemátodo, só com fungo e com fungo seguido de nemátodo 15 dias mais tarde foram iguais.

1.1.1.3. Área foliar

A área foliar foi mais elevada (88,35 cm^2) no controlo não inoculado. Seguiu-se o fungo e 15 dias depois o nemátodo (55,75 cm^2). A área foliar foi mais baixa (32,77 cm) na inoculação simultânea de nemátodo e fungo, com a maior redução de 62,91%, que foi igual à do nemátodo seguido de fungo 15 dias depois (43,90 cm) e a redução percentual foi de 50,31% em relação ao controlo não inoculado (Quadro 12). Os tratamentos com fungos seguidos de nemátodos 15 dias depois, só com fungos e só com nemátodos foram iguais entre si (Fig. 7).

1.1.1.4. Comprimento do rebento

O comprimento do rebento foi mais elevado (46,94 cm) no controlo não inoculado. Seguiu-se a inoculação apenas do fungo (38,82 cm). O comprimento do rebento foi mais baixo (25,15 cm) na inoculação simultânea de nemátodo e fungo, com uma redução de 46,42% em relação ao controlo não inoculado (Quadro 12), que foi igual ao do nemátodo seguido do fungo 15 dias depois (42,65 cm). Os tratamentos, ou *seja*, apenas o fungo, apenas o nemátodo e o fungo seguido de nemátodo 15 dias mais tarde, foram iguais (placa 8).

1.1.1.5. Peso do disparo

O peso dos rebentos foi mais elevado (40,84 g) no controlo não inoculado. O peso mais baixo de 19,90 g de rebentos foi registado quando o nemátodo e o fungo foram inoculados simultaneamente. Este tratamento registou uma redução de 51,27% no peso do rebento, que foi igual ao do nemátodo, seguido do fungo 15 dias mais tarde (20,45 g) e a redução percentual foi de 49,93% em relação ao controlo não inoculado (Quadro 12). Os tratamentos, ou *seja*, apenas o fungo, apenas o nemátodo e o fungo seguido de nemátodo 15 dias mais tarde, foram iguais entre si (Fig. 8).

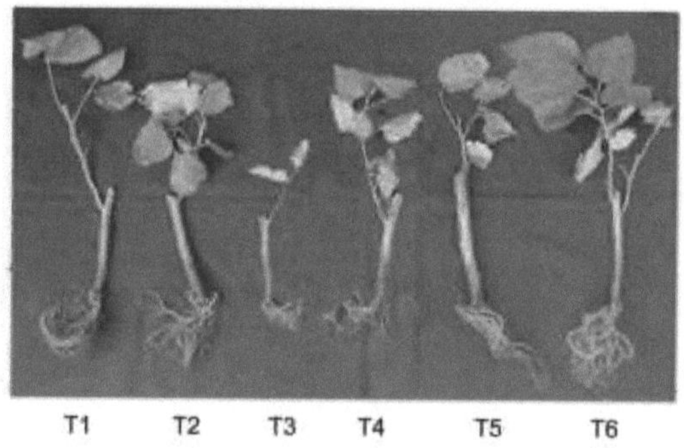

T1 - Nematode alone (*M. incognita*)

T2 – Fungus (*M. phaseolina*) alone

T3 – Simultaneous inoculation of nematode and fungus

T4 – Nematode followed by fungus after 15 days of inculation

T5 – Fungus followed by nematode after 15 days of inculation

T6 – Uninoculated control

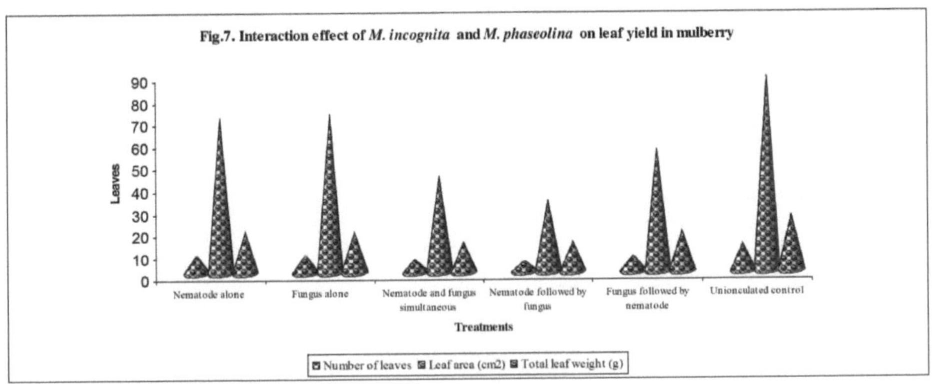

Fig.7. Interaction effect of *M. incognita* and *M. phaseolina* on leaf yield in mulberry

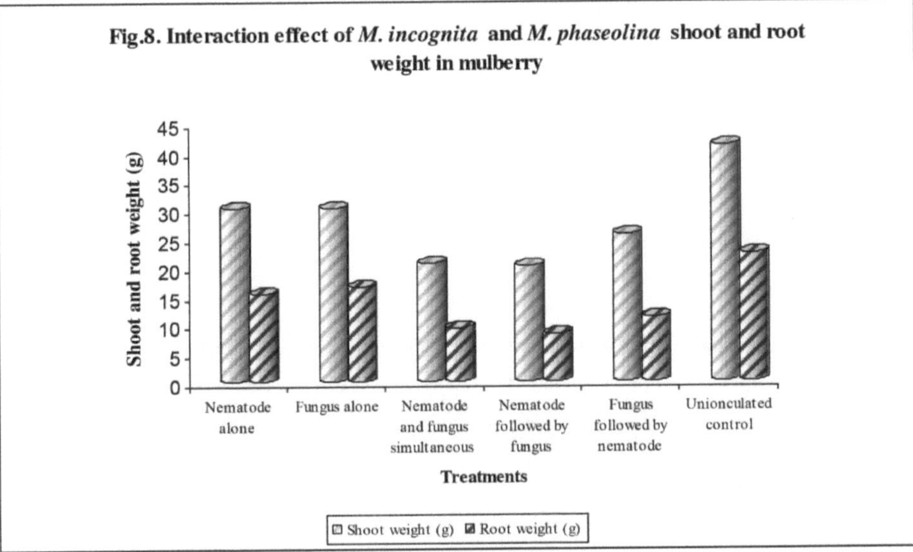

Fig.8. Interaction effect of *M. incognita* and *M. phaseolina* shoot and root weight in mulberry

1.1.1.6. Comprimento da raiz

O comprimento da raiz foi mais elevado (33,67 cm) no controlo não inoculado. Seguiu-se a inoculação apenas do nemátodo (27,54 cm). O comprimento da raiz foi o mais baixo (15,97 cm) na inoculação simultânea de nemátodo e fungo, e a redução foi de 52,57 por cento em relação ao controlo não inoculado (Quadro 12), que foi igual ao do nemátodo seguido do fungo 15 dias depois (41,34 cm). Os tratamentos, *nomeadamente o* nemátodo isolado, o fungo isolado e o fungo seguido de nemátodo 15 dias mais tarde, foram equivalentes (placa 8).

1.1.1.7. Peso da raiz

O peso da raiz foi mais elevado (22,05 g) no controlo não inoculado, enquanto foi mais baixo (8,10

g) nas plantas com inoculação simultânea de nemátodo e fungo. A redução do peso da raiz de 63,26% foi observada neste tratamento, que foi igual ao do nemátodo seguido do fungo 15 dias mais tarde (9,20 g), e este foi 58,28% inferior ao controlo (Quadro 12). O fungo seguido de nemátodo 15 dias depois, o fungo e o nemátodo isolado foram iguais entre si (Fig. 8).

1.1.1.8. Peso total das folhas

O peso total das folhas foi mais elevado (25,42 g) no controlo não inoculado. O peso total das folhas mais baixo (14,02 g) foi registado quando o nemátodo e o fungo foram inoculados simultaneamente e a redução percentual foi de 44,84%, o que foi igual ao tratamento com nemátodo seguido de fungo 15 dias depois (14,07 g) e a redução percentual foi de 44,64% em relação ao controlo não inoculado (Quadro 14). Os tratamentos, *nomeadamente*, fungo seguido de nemátodo 15 dias mais tarde, apenas fungo e apenas nemátodo, foram semelhantes entre si (Fig. 7).

4.4.2. Índice de galhas

O índice máximo de galhas de 5 foi registado no tratamento só com nemátodo. O índice de galhas de 3 foi registado nos tratamentos *viz.,* fungo nemátode inoculação simultânea e nemátode seguido de fungo 15 dias depois. O índice de galhas de 2 foi registado no tratamento fungo seguido de nemátodo 15 dias mais tarde (Quadro 12).

4.4.3. Índice de doença

O índice máximo de doença (infeção da raiz) de 5 foi registado nos tratamentos *com* nemátodo seguido de fungo 15 dias depois. O índice de doença de 4 foi registado no tratamento com fungo seguido de nemátodo 15 dias depois. O índice de doença de 3 foi registado nos tratamentos só com fungos e inoculação simultânea de fungos e nemátodos (Quadro 12).

4.4.4. Alterações fisiológicas induzidas por *M. incognita* em folhas de amoreira 4.4.4.1. Teor de humidade

Não houve diferença significativa no teor de humidade entre os diferentes tratamentos, incluindo o controlo, e todos foram iguais entre si (Quadro 13; Fig. 9).

4.4.4.2. Teor de proteínas

O teor de proteínas foi mais elevado (91,13 mg/g) no controlo não inoculado. Seguiu-se a inoculação do nemátodo sozinho (69,46 mg/g). O teor de proteínas mais baixo (39,57 mg/g) foi registado em plantas quando o nemátodo e o fungo foram inoculados simultaneamente e no tratamento, nemátodo seguido de fungo 15 dias mais tarde, que foram iguais ao controlo não inoculado (Quadro 13). Os tratamentos, ou *seja*, apenas o fungo, o fungo seguido do nemátodo e apenas o nemátodo, foram iguais (Fig. 9).

4.4.4.3. Teor de azoto

O teor de azoto foi mais elevado no controlo não inoculado, ao passo que o teor de azoto mais baixo foi registado quando o nemátodo e o fungo foram inoculados simultaneamente. Este tratamento registou uma redução de 3,02 por cento no teor de azoto, e foi igual ao tratamento, nemátodo seguido de fungo 15 dias depois e a redução percentual foi de 3,54. Os tratamentos, ou *seja*, apenas o fungo, o fungo seguido de nemátodo e apenas o nemátodo, foram iguais entre si (Quadro 13; Fig. 9).

4.4.4.4. Teor de clorofila

A clorofila A foi mais elevada (1,18 mg/g) no controlo não inoculado. Tendência semelhante foi observada para a clorofila B (0,97mg/g) e clorofila total (2,87 mg/g). No tratamento com inoculação simultânea de nemátodo e fungo, o teor de clorofila A e de clorofila total foi 83,89 e 53,31 por cento inferior ao do controlo não inoculado, respetivamente. O teor de clorofila B no tratamento com inoculação simultânea de nemátodo e fungo (91,75 %) foi igual ao do nemátodo seguido do fungo (79,38 %) (quadro 13).

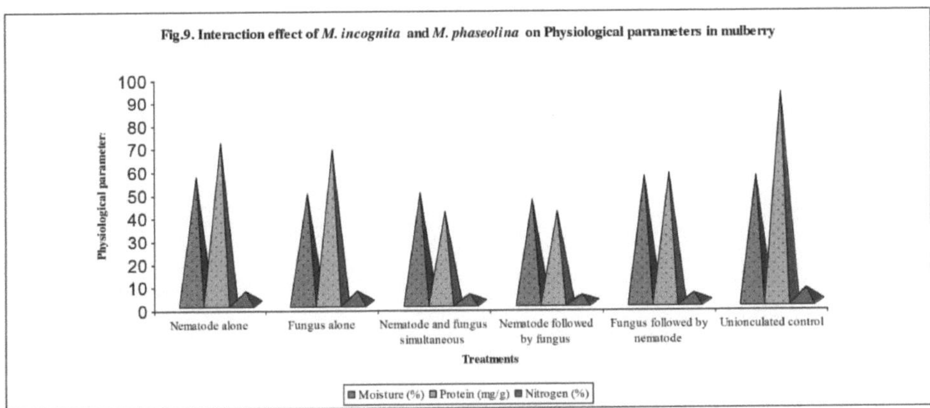

Tabela 13. Alterações fisiológicas induzidas por *M. incognita* e *M. phaseolina* em folhas de amoreira

Tratamentos	Teor de humidade (%)	Proteína (mg/g)	Nitrogénio (%)	Teor de clorofila (mg/g)		
				Chl A	Chl B	Chl total
Nemátodo isolado	54.76 (47.73)*	69.46 (-23.78)	4.98 (12.89)*	0.88 (-25.42)	0.43 (-55.67)	1.63 (-43.20)
Apenas fungos	47.43 (43.53)*	66.24 (-27.31)	4.99 (12.91)*	0.56 (-52.54)	0.38 (-60.82)	1.45 (-49.47)

Nemátodo e fungo em simultâneo	47.48 (43.55)*	39.57 (-56.58)	3.54 (10.84)*	0.48 (-59.32)	0.20 (-79.38)	1.34 (-53.31)	(-
Nemátodo seguido de fungo 15 dias depois	44.44 (41.81)*	39.57 (-56.58)	3.02 (10.01)*	0.19 (-83.89)	0.08 (-91.75)	0.71 (-75.26)	(-
Fungo seguido de nemátodo 15 dias depois	54.84 (47.78)*	55.86 (-38.70)	4.15 (11.54)*	0.63 (-46.60)	0.37 (-61.85)	1.89 (-34.45)	(-
Controlo não inoculado	54.82 (47.76)*	91.13	6.12 (14.32)*	1.18	0.97	2.87	
CD(p=0,05)	NS	14.584	1.4578	0.166	0.135	0.465	

Os valores entre parênteses correspondem a uma diminuição percentual (-) em relação ao controlo.

* Os números entre parênteses indicam valores transformados em arco-seno.

CHAPTER V

DISCUSSÃO

5.1. Perdas de rendimento evitáveis devido a *Meloidogyne incognita* na amoreira

Os estudos de perda de rendimento em amoreira no presente estudo revelaram que o nemátodo dos nós radiculares, *Meloidogyne incognita,* causou uma perda evitável de rendimento foliar de 16,05 por cento na variedade de amoreira V1. Este facto está em conformidade com as conclusões anteriores sobre as perdas de rendimento da amoreira devido a *M. incognita* realizadas por Govindaiah *et al.* (1991) em Mysore (Karnataka) e Mohana (2003) em Coimbatore, que comunicaram perdas de rendimento de 11,8 e 11,4 por cento, respetivamente. A presente constatação indica a suscetibilidade da V1, uma variedade popular de amoreira de elevado rendimento, embora a perda de rendimento evitável seja comparativamente menor do que a documentada para outras culturas, ou seja, 19,9 por cento no algodão (Jain *et al,* 2000); 61,0, 45,7 e 19,7 por cento no tomate, brinjal e malagueta, respetivamente (Naganathan, 1982); 16,4 no girassol (Devappa *et al.,* 1998); 20,0 por cento no gengibre (Makhnotra e Luqman Khan, 1997); e 30,9 por cento na banana (Jonathan e Rajendran, 2000).

5.2. Eficácia de agentes de biocontrolo para a gestão de *M. incognita* em amoreira em estufa e em condições de campo

Verificou-se que os bioagentes, *P. fluorescens* e *T. viride,* e o produto químico carbofurano 3G testados na presente investigação melhoraram os caracteres de crescimento da amoreira, o teor de humidade, de proteínas, de azoto e de clorofila, e reduziram a população de *M. incognita* em comparação com o controlo não tratado. A combinação da bactéria *P. fluorescens* e do fungo *T. viride* numa dose mais elevada de 10 g/planta foi o tratamento mais eficaz de todos os tratamentos. Foi relatado que um tratamento de combinação semelhante (*P. fluorescens, T. viride* e *T. harzianum*) reduziu a população de nemátodos e aumentou o rendimento quando experimentado juntamente com bolo de neem e FYM (Murugesh e Mahalingam, 2008). Os nossos resultados sugerem que a dose de 10 g/planta de cada *P. fluorscens* e *T. viride* poderia proporcionar uma redução significativa da população de *M. incognita* e um crescimento efetivo da cultura da amoreira. A explicação para estes resultados pode ser devida à atividade antagonista de *P. fluorescens* (Santhi e Sivakumar, 1995) e à maior atividade das enzimas de defesa nas plantas tratadas com *T. viride* (Umamaheswari *et al.,* 2004).

De acordo com Cronin *et al.* (1997), o antibiótico 2-4 diacetil floroglucinal, produzido por *P. fluorescens,* foi inibidor de *Globodera rostochiensis.* O tratamento com *P. fluorescens* induziu a atividade da peroxidase, polifenol oxidase, fenilalanina amónia liase, catalase e quitinase no tomateiro contra *M. incognita* (Anita *et al.*, 2004). Várias enzimas, incluindo a peroxidase e a polifenol oxidase, catalisam a formação de lignina e a fenilalanina amoníaco liase, envolvida na síntese de fitoalexinas e fenólicos que são considerados nematostáticos. As razões para a redução da população de nemátodos só podem ser supostas como sendo devidas às diferentes acções dos agentes antagonistas que teriam afetado diferentes fases de *M. incognita*. As Pseudomonas fluorescentes produzem sideróforos quelantes de ferro (Kloepper *et al.*, 1980; Leong, 1986), antibióticos de cianeto de hidrogénio (Ahl *et al.*, 1986) e estes compostos têm sido implicados na redução de microrganismos rizosféricos patogénicos, criando um ambiente favorável ao crescimento das raízes (Kloepper *et al.*, 1980; Leong, 1986). A atividade siderófora, a produção de antibióticos, o desenvolvimento de toxinas e a indução de resistência são os mecanismos relatados contra fungos patogénicos (Weller, 1988), ao passo que, contra nemátodos, estas rizobactérias causaram redução da eclosão, interferência com o reconhecimento normal do hospedeiro e invasão, uma vez que a bactéria envolve ou se liga à superfície da raiz com uma lectina de hidratos de carbono (Oostendorp e Sikora, 1989), mortalidade de juvenis infecciosos (juvenis de segundo estádio) pela produção de metabolitos tóxicos e componentes nematicidas (Becker *et al.*, 1988; Spiegal *et al.*, 1991) e alteração de exsudados radiculares específicos que controlam o comportamento dos nemátodos (Racke e Sikora, 1992).

A investigação sobre a promoção do crescimento em culturas anuais por pseudomonadas fluorescentes e a sua competição com bactérias patogénicas mostrou que a atividade siderófora é um fator importante para a promoção do crescimento (Schroth e Hancock, 1982). Os sideróforos quelam formas indisponíveis de ferro e, finalmente, suprimem os agentes patogénicos das plantas através da privação de ferro. A capacidade de promoção do crescimento das plantas destas bactérias pode ser atribuída à produção e libertação de um nutriente essencial, amoníaco e ácido indol acético (Loper e Schroth, 1986). A produção de reguladores do crescimento das plantas, incluindo giberilinas, citocininas e ácido indole-acético (IAA), após a aplicação de *P. fluorescens,* foi referida como constituindo um mecanismo de promoção do crescimento das plantas (Brown, 1974; Lifshifs *et al.*, 1987). Os antibióticos, fenaxinas, pirolonitrina, tropolona, piocianina e 2,4- diacetil floroglucinol, que foram isolados de pseudomonas fluorescentes, podem ter um efeito letal para nemátodos parasitas de plantas no solo da rizosfera.

Sabe-se também que *o Trichoderma viride*, em combinação com adições orgânicas, possui hormonas de crescimento, que se observou terem uma resposta adicional no aumento do vigor da planta (Chang *et al.*, 1986). Pant e Gopal Pandey (2002) registaram um melhor crescimento do grão-de-bico com bagaço de neem e *T. harzianum*. O tratamento combinado de *T. viride* @ 6,25 kg/ha com FYM @ 12,5 t/ha reduziu significativamente a infestação do nemátodo do nó da raiz, *M. incognita* em 43,41 por cento sobre o controlo em bhendi (Usha Rani e Kumar, 2001). Nagesh *et al.* (1998) relataram que a aplicação combinada de *T. viride* com *Paecilomyces lilacinus* e torta de nim controlou o nemátodo do nó da raiz *M. incognita* em gladíolo. As espécies de *Trichoderma* são consideradas agentes de biocontrolo potencialmente importantes contra vários agentes patogénicos de plantas e nemátodos parasitas de plantas.

A aplicação de *P. fluorescens* com outras práticas de gestão tem-se revelado mais eficaz em muitas culturas para diferentes nemátodos. Devrajan *et al.* (2004) relataram que a combinação de *P. fluorescens* com torta de nim e mostarda como cultura intercalar reduziu a população do nematoide de cisto da batata e aumentou a produção de tubérculos. A maior redução da população do nemátodo do nó da raiz no solo foi observada em videiras tratadas com *P. fluorescens* e FYM (Senthikumar e Rajendran, 2004).

Os resultados da estimativa dos parâmetros fisiológicos nas folhas da amoreira indicaram que houve uma redução significativa do teor de humidade, proteína, azoto e clorofila. O tratamento com os bioagentes ou com carbofurano melhorou o estado fisiológico das plantas infestadas. Devrajan *et al.* (2003) relataram anteriormente uma melhoria do teor de azoto e de proteínas nas folhas da bananeira tratada com o agente de biocontrolo *Pasteuria penetrans*. Paul *et al.* (1995) relataram que a experiência em vaso de amoreira inoculada com o nemátodo do nó da raiz mostrou uma redução significativa no teor de proteínas da folha, o que está de acordo com a nossa descoberta atual. As folhas deficientes em proteínas afectaram negativamente o crescimento e a produção de seda dos bichos-da-seda. O tratamento com carbofurano não mostrou qualquer influência favorável no crescimento das larvas e na sua produção de seda, embora tenha melhorado significativamente o crescimento das plantas e o teor de proteínas nas folhas. Paul *et al.* (1995) opinaram que as folhas das plantas tratadas poderiam conter resíduos químicos com efeitos tóxicos para as larvas do bicho-da-seda ou que o carbofurano foi metabolizado pelas plantas de amoreira numa substância tóxica para os bichos-da-seda. Estas conclusões sugerem que a aplicação de carbofurano pode ser letal para os bichos-da-seda e que a aplicação de agentes biológicos é segura. Os nossos resultados actuais mostraram que *P. fluorscens* e *T. viride*, cada um a 10 g/planta, reduziram significativamente a infestação de *M. incognita* e também aumentaram o crescimento da cultura da amoreira em comparação com o carbofurano. *Verificou-se* que a aplicação de agentes de biocontrolo melhorou o peso das larvas do bicho-da-seda, o peso do casulo, o peso da casca e o rácio da casca das larvas do bicho-da-seda alimentadas com folhas de amoreira infestadas com *M. incognita*

5.3. Complexo de doenças fúngicas causadas por nemátodos, envolvendo *M. incognita* e *Macrophomina phaseolina*

No presente estudo, os parâmetros de crescimento da planta e o teor de humidade, proteína, azoto e clorofila diminuíram quando comparados com o controlo não inoculado. A redução foi mais pronunciada na inoculação simultânea de nemátodo e fungo patogénico, que foi igual à inoculação de nemátodo seguida de fungo 15 dias depois. A incidência da doença e o índice de galhas foram os mais elevados na inoculação simultânea de nemátodo e fungo. Senthamarai *et al.* (2006) referiram que a percentagem de incidência da doença foi mais elevada na inoculação simultânea do nemátodo e do fungo, e na inoculação do nemátodo seguida da inoculação do fungo. Por conseguinte, é evidente que o nemátodo actua como um fator predisponente para a entrada do agente patogénico fúngico, causando lesões na superfície da raiz e enfraquecendo os tecidos da raiz, provocando apodrecimento e lesões, pelo que o agente patogénico fúngico tem acesso fácil para causar maiores danos, tal como referido por Schindler *et al.* (1960).

Estudos de interação com *M. incognita* e o fungo patogénico da podridão radicular, *M. phaseolina*, revelaram que a população foi significativamente mais elevada em plantas inoculadas apenas com o nemátodo. O fungo da podridão radicular, quando inoculado antes do nemátodo, afectou negativamente a multiplicação do nemátodo. Esta observação está de acordo com os resultados anteriores de Fazal *et al.* (1998) sobre a interação de *M. javanica* e *Rhizoctonia bataticola* na grama preta. Verificou-se que a população de nemátodos do solo diminuiu no tratamento com inoculação simultânea de nemátodos e fungos. Powell (1971) observou que a multiplicação de nemátodos diminuiu consistentemente nas inoculações combinadas com o aumento do inóculo de *M. phaseolina*. Isto deve-se provavelmente ao efeito adverso na penetração do nemátodo e à invasão direta das células gigantes pelos fungos, perturbando a alimentação do nemátodo e a sua subsequente reprodução. A inoculação de *M. phaseolina* duas semanas depois de *M. incognita* resultou na maior população de nemátodos no solo. Observações semelhantes foram feitas por Chhabra *et al.* (2000) em girassol devido à interação de *M. phaseolina* e *M. incognita*.

No presente estudo, a percentagem de incidência da doença foi mais elevada na inoculação simultânea do nemátodo e do fungo, e no tratamento com nemátodo seguido do tratamento com fungo. Esta observação está de acordo com os relatórios de estudos anteriores de Siddiqui e Husain (1992) com *M. incognita* (Race-3) e *M. phaseolina* em grão-de-bico. Também foi relatado um efeito de interação semelhante no caso da interação de *R. bataticola* e *M. incognita* no tomate (Nath e Kamalwanshi, 1989), tabaco (Powell e Battten, 1967; Melendez e Powell, 1969), juta branca (Mishra *et al.*, 1988), lentilha (Tiyagi *et al.*, 1988) e grama preta (Latha, 1997).

Bhagyarathy *et al.* (1999) referiram que o efeito de interação entre o nemátodo dos nós radiculares e a inoculação de *Rhizoctonia bataticola* foi significativo na redução da biomassa da amoreira e da população de nemátodos do que qualquer uma das culturas inoculadas separadamente. Verificou-se uma redução significativa dos caracteres de crescimento das plantas, *nomeadamente o* número de ramos, o número de folhas, a área foliar, o comprimento dos rebentos, o comprimento das raízes, o peso dos rebentos e o peso das raízes em todos os tratamentos, em comparação com o controlo. No entanto, a redução dos parâmetros de crescimento foi mais elevada nas plantas inoculadas com nemátodo e fungo em simultâneo. Siddiqui e Husain (1990), Fazal *et al.* (1998) registaram uma redução semelhante nos parâmetros de crescimento do grão-de-bico, no blackgram, e Chhabra *et al.* (2000) no girassol. Tiyagi *et al.* (1988) referiram que *M. javanica* e *M. phaseolina* causaram uma redução significativa no crescimento das plantas, incluindo a formação de vagens de lentilhas. Este efeito prejudicial foi mais pronunciado quando os agentes patogénicos foram inoculados simultaneamente. Nas inoculações combinadas, a redução do crescimento das plantas e da formação de vagens foi maior na inoculação simultânea do que na inoculação sequencial. Quando o nematoide foi inoculado 10 dias antes do fungo ou o fungo 10 dias antes do nematoide, houve pouca redução no crescimento da planta em comparação com as plantas inoculadas com o nematoide e o fungo simultaneamente.

CHAPTER VI

RESUMO

A amoreira é suscetível de ser atacada por diferentes nemátodos parasitas de plantas, entre os quais o nemátodo das galhas, *Meloidogyne incognita*, é amplamente prevalente e considerado uma praga grave de nemátodos da amoreira. Foram efectuados estudos sobre perdas qualitativas e quantitativas e sobre o complexo nemátodo-doença fúngica em condições de estufa, bem como sobre a gestão com agentes de biocontrolo em condições de vaso e de campo.

Os resultados dos estudos são resumidos a seguir:

1.   A perda de rendimento evitável devido a *M. incognita* na amoreira foi estimada em 16,05 por cento.

2.   A combinação de rizobactérias, *P. fluorescens* (10g/planta) + *T. viride* (10g/planta) foi considerada o bioagente mais eficaz para a gestão de *M. incognita* e para melhorar o crescimento da amoreira do que as aplicações individuais e o produto químico carbofurano 3G @ 1 kg a.i./ha.

3.   Verificou-se que o grau de controlo dos nemátodos e a correspondente melhoria dos parâmetros de crescimento das plantas estavam diretamente correlacionados com a dosagem. A combinação de uma dose mais elevada de 10g/planta de cada *P. fluorescens* e *T. viride* ficou em primeiro lugar na minimização dos danos causados por nemátodos e na maximização do rendimento foliar da amoreira em condições de vaso e de campo.

4.   A capacidade de colonização de *P. fluorescens* e *T. viride* também foi elevada com um nível de inóculo mais alto. Houve uma correlação positiva entre a capacidade de colonização dos bioagentes e a taxa de controlo dos nemátodos.

5.   As alterações fisiológicas, *nomeadamente o teor de* humidade, proteína, azoto e clorofila, também foram mais elevadas com a combinação de uma maior inoculação de *P. fluorescens* @ 10 g/planta + *T. viride* @ 10 g/planta, seguida de *P. fluorescens* @ 5 g/planta + *T. viride* @ 5 g/planta.

6.   O potencial de biocontrolo dos agentes de biocontrolo individuais está na ordem descendente de *P. fluorescens* @ 10 g/planta, *T. viride* @ 10 g/planta, *P. fluorescens* @ 5 g/planta, *T. viride* @ 5 g/planta e carbofurano químico 3G na gestão de *M. incognita* na amoreira.

7.   O peso das larvas do bicho-da-seda, o peso do casulo, o peso da casca e a proporção da casca diminuíram quando as larvas do bicho-da-seda se alimentaram de folhas de amoreira infestadas com *M. incognita*. O tratamento com *P. fluorescens* + *T. viride* cada @ 10 g/planta melhorou o peso das larvas do bicho-da-seda, o peso do casulo, o peso da casca e o rácio da casca, que foi igual ao tratamento de *P. fluorescens* + *T. viride* cada @ 5 g/planta.

8.   No estudo de interação de *M. incognita* e *Macrophomina phaseolina*, a inoculação simultânea de *M. incognita* e *M. phaseolina*, bem como de nemátodo seguido de fungo 15 dias depois, causou maior incidência de doença, incidência de galhas e redução significativa no crescimento das plantas, quando comparada com a inoculação de fungo seguida de nemátodo, nemátodo isolado e fungo isolado.

9.   No complexo de doenças fúngicas causadas por nemátodos, as alterações fisiológicas, *nomeadamente o* teor de humidade, de proteínas, de azoto e de clorofila, foram negativamente afectadas pela inoculação simultânea de nemátodos e fungos, e de nemátodos seguida de fungos.

Referências

Aalten, P.M. e S.R. Grower. 1998. Nemátodos entomopatogénicos e bactérias fluorescentes da rizosfera de pseudomonas inibem a invasão de *Radopholus similis* nas raízes da bananeira. **Crop Protection Conference; Pest and Disease, 2:** 14-25.

Agarwal, D.K. e B.K. Goswami. 1971. Inter-relações entre um fungo, *Macrophomina phaseolina* (Maubl.) Ashby e o nemátodo do nó da raiz, *Meloidogyne incognita* (Kofoid e White) Chitwood em soja (*Glycine max* L.). **In: Actas da Academia Nacional de Ciências da Índia, Parte B. Ciências Biológicas, 39:** 701-704.

Ahl, P., C. Voiard e G. Defago. 1986. Ferro envolvido na supressão de *Thielaviopsis basicola* pela estirpe de *Pseudomonas fluorescens*. **Journal of Phytopathology, 116:** 121-134.

Alfieri (Jr.) S.A. e D.E. Stokes. 1971. Interação de *Macrophomina phaseolina* e *Meloidogyne javanica* em *Ligustrum japonicum*. **Phytopathology, 11:**1297-1298.

Anita, B., G. Rajendran e R. Samiyappan. 2004. Indução de resistência sistémica no tomate contra o nemátodo das galhas radiculares, *Meloidogyne incognita*. **Nematologia Mediterranea, 32:** 159-162.

Anónimo. 1970. **Methods of Analysis.** Association of official Agricultural chemists 9th edition, Washigton D.C., 789p.

Babu, A.M., Vineet Kumar e Tomy Philip. 1999. Root knot nematode - A hard to kill parasite - study. **Indian Silk, 38:** 11-12.

Becker, J.O., E. Zavaleleta-Mejia, S.F. Colbert, M.N. Schroth, A.R. Weinhold, J.G. Hancock e S.D. Van Gundy. 1998. Effects of rhizobacteria on root knot nematodes and gall formation. **American Phytopathological Society, 78:** 1466-1469.

Begum, H., K. Sultana e N. Ahmed. 1990. Desenvolvimento de doenças na juta devido à interação de agentes patogénicos fúngicos (*Macrophomina phaseolina* e *Rhizoctonia solani*) e nemátodo do nó da raiz (*Meloidogyne* spp.) e o seu efeito no rendimento de fibras e sementes. **Bangladesh Journal of Jute and Fibre Research, 15:** 35-40.

Bhagyarathy, N., C. Siddappaji, M.A. Shankar e Shrikanth Chavan. 1999. Gestão do nemátodo das galhas *Meloidogyne incognita* na cultura da amoreira. **In: Procedimentos da NSTS.** 146-147p.

Brown, M.E. 1974. Bacterização de sementes e raízes. **Revisão Anual de Fitopatologia, 12:** 181-197.

Bruton, B.D. e C.M. Heald. 1987. Effect of *Macrophomina phaseolina* and nematodes on cantaloupe. **Phytopathology, 77:** 1713.

Cannayane, I. e G. Rajendran. 2001. Gestão de *Meloidogyne incognita* por filtrados bacterianos e fúngicos em bhendi (*Abelmoschus esculentus* L.). **Current Nematology, 12:** 85-89.

Caudra, R., C. Aguilera e J.A. Perez. 1990. Controlo de *Meloidogyne incognita* com os nematicidas DD e heterofos. **Ciencias de la Agricultura, 40:** 36-42.

Chahal, P.P.K., S.S. Sokhi, V.P.S. Chahal e I. Singh. 1997. Efeito dos fungos da rizosfera e dos nemátodos dos nós radiculares no feijão-mungo (*Vigna radiate* L.) variedade ML-131. **In: Microbial biotechnology.** "Professor K.S. Bilgrami commemoration volume" (eds. S.M. Reddy, H.P. Srivastava, D.K., Purohit, and S. Ram Reddy, S.) Scientific Publishers. Jodphur, Índia. pp. 156-159.

Chaitali, Lokendra Singh, Satyendra Singh e B.K. Goswami. 2003. Efeito de bolos com *Trichoderma viride* para a gestão do complexo de doenças causado por *Rhizoctonia bataticola* e *Meloidogyne incognita* no quiabeiro. **Annals of Plant Protection Sciences, 11:** 178-180.

Chang, Y.C., R. Baker, Kleifeld e I. Chet. 1986. Aumento do crescimento das plantas na presença do agente de controlo biológico. *Trichoderma harzianum.* **Plant Disease, 70:** 145-148.

Chhabra, H.K., G. Singh e V.K, Kaul. 2000. Interação de *Macrophomina phaseolina* e *Meloidogyne incognita* em girassol. **Plant Disease Research, 15:** 212-214.

Cloud, S.L. e J.C. Rupe. 1991. Comparação de três meios para a contagem de esclerócios de *Macrophomina phaseolina*. **Plant disease, 75:** 771-772.

Cobb, N.A. 1918. Estimating the nematode population of soil. **Circular do Departamento de Agricultura dos Estados Unidos, No.1.** 48p.

Corgan, J.N., D.L. Lindsay e R. Delgado. 1985. Influência do nemátodo do nó da raiz na cebola. **Horticultural Science, 20:** 134-135.

Cronin, D., Y.M. Loccoz, A. Fehton, C. Dunne, D.N. Dowling e F.O. Gara. 1997. Role of 2,4- diacetyl phloroglucinol in the interactions of the biocontrol *Pseudomonas strain* F113 with potato cyst nematode, *Globodera rostochiensis.* **Applied and Environmental Microbiology, 6:** 1357-1361.

Dandin, S.B., Jayant Jayaswal, K. Giridhar. 2000. **Hand Book of Sericulture Technologies,** Central Silk board. Bangalore. 185 pp.

Devappa, V., K. Krishnappa e B.M.R. Reddy. 1998. Estimativa das perdas evitáveis de rendimento devido ao nemátodo das galhas *Meloidogyne incognita* no girassol. **Indian Journal of Nematology, 28:** 95-96.

Devi, T.P. e B.K. Goswami. 1992. Inter-relações dos nemátodos dos nós radiculares *Meloidogyne incognita* e *Macrophomina phaseolina* com o feijão-frade. **Annals of Agricultural Research, 13:** 267-268.

Devrajan, K., G. Rajendran e N. Seenivasan. 2003. Estado dos nutrientes e eficiência fotossintética da banana (*Musa* sp.) influenciados por *Meloidogyne incognita* infetada com *Pasteuria penetrans*. **Nematologia Mediterranea, 31:** 197-200.

Devrajan, K., N. Seenivasan, N. Selvaraj e G. Rajendran. 2004. An integrated approach for the management of potato cyst nematodes, *Globodera rostochiensis* and G. *Pallida* in India. **Nematologia Mediterranea, 32:** 67-70.

Eapen, S.J., K.V. Ramana e T.R. Sharma. 1997. Evaluation of *Pseudomonas fluorescens* isolates for control of *Meloidogyne incognita* in black pepper. **Indian Society of Spices, 126:** 133.

Elad, Y. e I. Chet. 1983. Improved selective media for the isolation of *Trichoderma* or *Fusarium* spp. **Phytoparasitica, 11:** 55-58.

Fazal, M., M.Y. Bhat, M. Imran e Z.A. Siddiqui. 1998. Uma doença da grama negra que envolve *Meloidogyne javanica* e *Rhizoctonia bataticola*. **Nematologia Mediterranea, 26:** 6366.

Gokte, N. e G. Swarup. 1988. On the potential of some bacterial biocides against root knot and cyst nematodes. **Indian Journal of Nematology, 18:** 152-153.

Gomez, K. A. e A.A. Gomez. 1984. Statistical procedurd for agricultural research. John Wiley and Sons, Nova Iorque, EUA, 680pp.

Goswami, B.K. e S. Singh. 1998. Eficácia da micoflora do solo proveniente do solo, bolos de sementes de algodão, karanji, mahua e mostarda em solo alterado contra *Meloidogyne incognita* que infecta o quiabo. **Annals of Agriculture Research, 19:** 158-161.

Govindaiah. 1990. Estudos sobre o nemátodo do nó da raiz, *Meloidogyne incognita,* infestando a amoreira. Tese de doutoramento, Universidade de Mysore, Índia.

Govindaiah e D.D. Sharma. 1994. Nemátodo das galhas, *Meloidogyne incognita,* infestando a amoreira - Uma revisão. **Indian Journal of Sericulture, 33:** 110-113.

Govindaiah, D. Dandinand e D. Sharma. 1991. Patogenicidade e perda de rendimento evitável devido a *Meloidogyne* na amoreira (*Morus alba* L.). **Indian Journal of Nematology, 21:** 52-57.

Govindaiah, D.D. Sharma, M.T. Himantharaj e A.K. Bajpai. 1997. Nematicidal efficacy of organic manures, intercrops, mulches and nematicide against root knot nematode in mulberry. **Indian Journal of Nematology, 27:** 28-35.

Govindaiah, S.B. Dandin, D.D. Sharma e R.K. Datta. 1993. Eficácia de diferentes doses de carbofurano em *Meloidogyne incognita* que infecta a amoreira. **Indian Journal of Sericulture, 32(1):** 99-101.

Haque, S. e Mukhopadhyaya, 1979. Patogenicidade de *Macrophomina pheseolina* em juta na presença de *Meloidogyne incognita* e *Hoplolaimus indicus*. **Journal of Nematology, 11:** 318-321.

Heald, C.M., B.D. Bruton e R.M. Davis. 1978. Influence of *Glomus intraradices* and soil phosphorus on *Meloidogyne incognita* infecting *Cucumis melo*. **Journal of Nematology, 21:** 69-73.

Henna, A.I., F.W. Raid e A.E. Tawfik. 1999. Eficácia de rizobactérias antagonistas no controlo do nemátodo dos nós radiculares, *Meloidogyne incognita,* em plantas de tomate. **Egyptian Journal of Agricultural Research, 77:** 1467-1476.

Ichinohe, M. 1965. Ameaça de nemátodos em culturas perenes. **Biokemia, 9:** 10-13.

Ikeda, Y. e Arataka, Y. 1972. Flutuação sazonal da população de nemátodos em campos de amoreira e eficácia do tratamento com DBCP. **Actas da Associação de Proteção das Plantas de Kyushu, 18:** 6-8.

Jain, R.K., Jaskaran Singh e Rajesh Vats. 2000. Perdas de rendimento evitáveis no algodão (*Gossypium hirsutum*) devido ao nemátodo dos nós radiculares (*Meloidogyne incognita*) raça-4. **Indian Journal of Nematology, 30:** 92-93.

Janowicz, K., M.K. Zapaowicz e H. Wronkowsh. 1997. The influence of *Trichoderma viride* and *Penicillium frequentans* on *Globodera rostochiensis* in the cultivation of tomato, pp. 153-158. **VIII conferência sobre "Biological control of Plant disease" da Sociedade Polaca de Fitopatologia,** realizada na Polónia, 21-22 de abril de 1997.

Jatala, P. 1986. Biological control of plant parasitic nematodes. **Revisão Anual de Fitopatologia, 24:** 453-489.

Jonathan, E.I. e G. Rajendran. 2000. Avaliação da perda de rendimento evitável na banana devido ao nemátodo dos nós radiculares, *Meloidogyne incognita*. **Indian Journal of Nematology, 30:** 162-164.

Jonathan, E.I., A. Sandeep, I. Cannayane e R. Umamaheswari. 2006. Bioeficácia de *Pseudomonas fluorescens* sobre *Meloidogyne incognita* em bananeira. **Nematology Mediterranea, 34:** 19-25.

Jonathan, E.I., K.R. Barker, F.F. Abdel Alim, T.C. Vrain e D.W. Dickson. 2000. Biological control of *Meloidogyne incognita* on tomato and banana with rhizobacteria, Actinomyces and *Pasteuria penetrans*. **Nematropica, 30:** 231-240.

Jothi, G., M. Sivakumar e G. Rajendran. 2003. Gestão do nemátodo do nó da raiz por *Pseudomonas fluorescens* no tomate. **Indian Journal of Nematology, 33:** 87-88.

Kalaiarasan, P., PL. Lakshmanan e R. Samiyappan. 2006. Biotização de isolados de *Pseudomonas fluorescens* em amendoim (*Arachis hypogaea* L.) contra o nemátodo do nó da raiz, *Meloidogyne arenaria*. **Jornal Indiano de Nematologia, 36:** 1-5.

Kavathiya, Y.A. e R.N. Pandey. 2000. Estudos de interação sobre *Meloidogyne javanica*, espécies de Rhizobium e *Macrophomina phaseolina* no feijão mungo. **Journal of Mycology and Plant Pathology, 30:** 91-93.

Kavitha, J., E.I. Jonathan e R. Umamaheswari. 2007. Aplicação no terreno de *Pseudomonas fluorescens, Bacillus subtilis* e *Trichoderma viride* para o controlo de *Meloidogyne incognita* (Kofoid e White) Chitwood na beterraba sacarina. **Journal of Biological Control, 21:** 211-215.

Khan, M.R., S. M. Khan e N. Khan 2001. Efeitos da aplicação no solo de certos bioagentes fúngicos e bacterianos contra *Meloidogyne incognita* que infecta o grão-de-bico. Trabalho apresentado no **congresso nacional sobre "Centenary of Nematology in India: Appraisal and Future Plans"**, realizado na Division of Nematology, Indian Agriculture Research Institute, 5-7 de dezembro, Nova Deli, Índia, p. 148.

King, E.O., M.K. Ward e D.E. Raney. 1954. Duas amostras de meios para a demonstração de piocianina e fluoresceína. **Journal of Laboratory Clinical Medicine, 4:** 310-307.

Kloepper, J.W., J. Leong, M. Teinze e M.N. Schroth. 1980. Enhancement of plant growth by siderophores produced by plant growth promoting rhizobacteria. **Nature, 286:** 885-886.

Latha, T.K.S. 1997. Interação entre *Macrophomina phaseolina* (Tassi) Goid e *Heterodera cajani* koshy no complexo de doenças da podridão radicular e sua gestão em grama preta (*Vigna mungo* L.) Hepper. Tese de Mestrado (Ag.). Universidade Agrícola de Tamil Nadu, Coimbatore, Índia. pp.35-82.

Leclerg, L.R. 1967. Metodologia para medição de doenças relacionada com a avaliação de perdas. **In: Simpósio da FAO sobre Perdas de Culturas,** Roma, Itália, pp. 11-48.

Leong, J. 1986. Siderophores: their biochemistry and possible role in the biocontrol of plant pathogens. **Revisão Anual de Fitopatologia, 24:** 187-209.

Lifshits, R., J.W. Kloepper, M. Kozlwski, C. Simonson E.M. Tipping e I. Zaleska. 1987. Promoção do crescimento de plântulas de canola (colza) por uma estirpe de *Pseudomonas putida* em condições gnotobióticas. **Canadian Journal of Microbiology, 33:** 390-395.

Loper, J.E. e M.N. Schroth. 1986. Influência de fontes bacterianas de ácido indole-3-acídico no alongamento das raízes da beterraba sacarina. **Phytopathology, 76:** 386-389.

Lowry, O.H., N.J. Rosebrough, A.L.Farr, R.J. Randall. 1951. Medição de proteínas com o reagente Folin-fenol. **Journals of Biol. Chem.,** 193-265.

Makhnotra, A.K. e L. Khan. 1997. Avaliação das perdas de rendimento do gengibre devido a *Meloidogyne incognita*. **Indian Journal of Nematology, 27:** 259-260.

Mani, M.P. 1996. Efeito de *Pasteuria penetrans* (Thorne) Sayre e starr e *Pseudomonas fluorescens* (Migula) contra *Meloidogyne incognita* (Kofoid e White, 1919) Chidwood, 1949 em videira (*Vitis vinifera* L.) Tese de Mestrado (Ag.). Universidade Agrícola de Tamil Nadu, Coimbatore, Índia, pp. 46.

Mc Beth, C.W., A.L. Taylor e A.L. Smith. 1941. Nota sobre a coloração de nemátodos em tecido radicular. **In: Actas da Sociedade Helmintológica de Washington, 8:** 26.

Meenakshi Sharma e S.K. Saxena. 1992. Effect of culture filtrate of *Rhizoctonia solani* and *Trichoderma viride* on hatching of root knot nematode, *Meloidogyne incognita*. **Current Nematology, 3:** 61-64.

Melendez, P.L. e N.T. Powell. (1969). The influence of *Meloidogyne* on root decay in tobacco caused by *Pythium* and *Trichoderma*. **Phytopathology, 59:** 13-48.

Mishra, C., D. Som e B. Singh. 1988. Interação de *Meloidogyne incognita* e *Rhizoctonia bataticola* em juta branca (*Corchorus capsularis*). **Indian Journal of Agricultural Science, 58:** 234-235.

Mohamed, B.E., G.S. Shohla, S. El-eraki, e A.Y. El-gindi, 1990. Interação de *Meloidogyne incognita* e *Macrophomina pheseolina* sob diferentes tratamentos com pesticidas. **Agricultural Research Review, 68:** 581-587.

Mohana, V. 2003. Biogestão do nemátodo das galhas *Meloidogyne incognita* (Kofoid e White, 1919) Chitwood, 1949 na amoreira (*Morus alba* L.). Tese de Mestrado, TNAU, Coimbatore, Índia, pp. 1-88.

Murugesh, K.A. e C.A. Mahalingam. 2008. Bio-prospeção de micróbios antagonistas para a gestão da podridão radicular da amoreira (*Morus alba* L.) (*Macrophomina phaseolina* (Tassi.) Goid). **In: Actas da Conferência Internacional sobre Tendências em Seribiotecnologia,** realizada na Universidade Sri Krishnadevaraya. Em 27 -29 de março, 2008. pp. 5 (Abs.)

Naganathan, T.G. 1982. Studies on yield loss in vegetables due to *Meloidogyne incognita*. **South Indian Horticulture, 32:** 115-116.

Nagesh, M., P.P. Reddy e G. Ramachander. 1998. Gestão integrada de *Meloidogyne incognita* e *Fusarium oxysporum* f.sp. *gladioli* em *Gladiolus* usando fungos antagónicos e bolo de neem. **In: Actas do Thrid International Symposium of Afro-Asian Society of Nematologists,** realizado em Coimbatore. 16-19 de abril, 1998.

Nath, R. e R.S. Kamalwanshi. 1989. Papel dos fungos não patogénicos na presença do nemátodo do nó da raiz no amortecimento das plântulas de tomate. **Indian Journal of Nematology, 19:** 8485.

Oostendrop, M. e R.A. Sikora. 1989. Utilização de rizobactérias antagonistas como tratamento de sementes para o controlo biológico de *Heterodera schachtii* na beterraba sacarina. **Revue de Nematologie, 12:** 77-83.

Oostendrop, M. e R.A. Sikora. 1990. Relação *in vitro* entre bactérias da rizosfera e *Heterodera schachtii*. **Revue de Nematologie, 13: 269-274**.

Pandey , R.C. e B.K. Dwivedi. 2001. Study on the effect of different biocontrol agents against root knot nematode disease of brinjal. **Current Nematology, 12:** 73-74.

Pant, H. e Gopal Pandey. 2002. Utilização de *Trichoderma harzianum* e bolo de neem isoladamente e em combinação em galhas de *Meloidogyne incognita* em grão-de-bico. **Annals of Plant Protection Sciences, 10:** 134-178.

Paul, A.S., P.S. Babu e N.C. Sukul. 1995. Effect of nematode infected mulberry plants on the growth and silk production of *Bombyx mori* L. **Indian Journal of Sericulture, 34:** 1821.

Powell, N.T. 1971. Interacções entre nemátodos e fungos em complexos de doenças. **Annual Review of Phytopathology, 9:** 253-274.

Powell, N.T. e C.K. Batten. 1967. A influência de *Meloidogyne incognita* na podridão radicular de *Rhizoctonia* no tabaco. **Phytopathology, 57:** 274.

Prasad. D. 1995. Doença da podridão radicular do amendoim causada por *Rhizoctonia bataticola* na presença ou ausência de *Meloidogyne arenaria*. **Annals of Plant Protection Sciences, 3:** 141-144.

Racke, J. e R.A. Sikora. 1992. Isolamento, formulação e atividade antagonista de rizobactérias contra o nemátodo de quisto da batata *Globodera pallida*. **Soil Biology and Biochemistry, 24:** 521-526.

Ramakrishnan, S., C.V. Sivakumar e K. Poornima. 1998. Gestão do nemátodo da raiz do arroz, *Hirschmanniella gracilis* (de Man) Luc & Goodey com *Pseudomonas fluorescens* Migula. **Journal of Biological Control, 12:** 135-141.

Rekha Arya e S.K. Saxana. 1998. *Trichothecium roseum* juntamente com *Rhizoctonia soloni* e *Meloidogyne incognita* na germinação de sementes de tomate cv. 'Pusa Ruby'. **Indian Journal of Nematology, 15:** 217-221.

Riker, A.J. e R.S. Riker. 1936. **Introduction to research on Plant disease.** Johns Swift. Co. St. Louis. 117pp.

Roy, K. e A.K. Mukhopadhyay. 2004. Interação de *Macrophomina phaseolina* e *Meloidogyne incognita* em brinjal. **Annals of Plant Protection Sciences, 12:** 235-236.

Sadasivam, S. e A. Manickam. 1992. **Biochemical methods for Agricultural Science,** Wiley Easten Limited e TNAU, Coimbatore, pp 246.

Samathanam, G.J. e C.L. Sethi. 1994. Effect of culture filtrates of *Rhizoctonia bataticola* and some saprophytic soil fungi on hatch and mortality of root knot nematode, *Meloidogyne incognita*. **Indian Journal of Nematology, 24:** 145-156.

Sankaranarayan, C., S.S. Hussaini, P. Sreeramakumar e R. Rangeshwaran. 2000. Aplicação granular de fungos antagonistas para o controlo biológico de *Meloidogyne incognita* no tomate. **Indian Journal of Nematology, 30:** 157-161.

Sankaranarayan, C., S.S. Hussaini, P.S. Kumar e R. Rangeshwaran. 1999. Efeito antagónico de *Trichoderma* e *Gliocladium* sp. contra o nemátodo do nó da raiz (*Meloidogyne incognita*) no girassol. **In Proceedings of national symposium on rational approaches in nematode management for sustainable agriculture,** held at Anand from November 23-25, 1998. pp 25-27.

Santhi, A. e C.V. Sivakumar. 1995. Potencial de biocontrolo de *Pseudomonas fluorescens* (Migula) contra o nemátodo do nó da raiz, *Meloidogyne incognita* (Kofoid e White, 1919) Chitwood, 1949 no tomate. **Jornal de controlo biológico, 9:** 113-115.

Sasser, J.N. 1989. Importância económica dos nemátodos parasitas das plantas. **In: O inimigo oculto do agricultor.** Universidade Estadual da Carolina do Norte, Raleigh, EUA.

Schindler, A.F. 1961. Um substituto simples para um funil de Baermann. **Plant Disease Reporter, 45:** 747-748.

Schindler, A.F., N. Robert, Stewart e Peter Semenuik. 1960. Uma interação sinérgica do nemátodo fusarium em cravos. **Phytopathology, 51:** 143-145.

Schroth, M.N. e J.G. Hancock. 1982. Solo supressor de doenças e bactérias colonizadoras de raízes. **Science, 216:** 1376-1381.

Senthamarai, M., K. Poornima e S. Subramanian. 2006. Biomanagement of root knot nematode, *Meloidogyne incognita* on *Coleus forskohlii* Briq. **Indian Journal of Nematology, 36:** 206-208.

Senthamarai, M., K. Poornima e S.Subramanian. 2006. Complexo de doenças fúngicas por nemátodos envolvendo *Meloidogyne incognita* e *Macrophomina phaseolina* em *Coleus forskohlii* Briq. **Indian Journal of Nematology, 36:** 181-184.

Senthikumar, T. e G. Rajendran. 2004. Agentes de biocontrolo para a gestão do complexo de doenças que envolvem o nemátodo das galhas, *Meloidogyne incognita* e *Fusarium moniliforme* na videira (*Vitis vinifera*). **Indian Journal of Nematology, 34:** 49-51.

Shanthi, A., Rajeswari Sundara Babu, C.V. Sivakumar. 1998. Aplicação no solo de *Pseudomonas fluorescens* (Migula) para o controlo do nemátodo do nó da raiz (*Meloidogyne incognita*) na videira (*Vitis vinifera* Linn.). **In Proceedings of the Third international Symposium of Afro-Asian**

Society of Nematologists held at Sugarcane Breeding Institute, Coimbatore from April 16-19, 1998. pp. 203-206.

Sharma, D.D. e Govindaiah. 1995. Efeito de sebufos 10G contra *Meloidogyne incognita* em amoreira. **Indian Journal of Sericulture, 34:** 6-9.

Sharma, D.D., D.S. Chandrashekar, K. Srikanta Swamy e Govindaiah. 1998. On farm evulation of cultural and chemical methods for the control of root knot nematode disease of mulberry. **Indian Journal of Sericulture, 37:** 61-63.

Siddiqui, Z.A. e S.I. Husain. 1990. Controlo herbal do nó da raiz e da doença da podridão da raiz do grão-de-bico. Efeito dos extractos de plantas. **New Agriculturist, 1:** 1-6.

Siddiqui, Z.A. e S.I. Husain. 1992. Interação entre *Meloidogyne incognita* raça-3. *Macrophomina phaseolina* e *Bradyrhizobium* sp. no complexo de doenças da podridão radicular do grão-de-bico, *Cicer arietinum*. **Fundamentos e Nematologia Aplicada, 15:** 491-494.

Siddiqui, Z.A. Arshid Iqbal e Irsad Mahmood. 2001. Effects of *Pseudomonas fluorescens* and fertilizers on the reproduction of *Meloidogyne incognita* and growth of tomato. **Applied Soil Ecology, 16:** 179-185.

Sikdar, A.K. e M.M. Shenoi. 1980. A note on the control of root knot nematode disease of mulberry by soil fumigation. **Indian Journal of Sericulture, 19:** 41-42.

Sikdar, A.K., Govindaiah, Y.R. Madhavarao, S. Jolly e K. Grindher. 1986. Controlo da doença do nemátodo do nó da raiz na amoreira por temik 10G e bolos de óleo. **Indian Journal of Sericulture, 25:** 33-35.

Siokawa, H, G. Insi e Z. Kwana. 1960. Sobre o nemátodo do nó da raiz, parasita das amoreiras. Aplicação de nematicida em jardins de amoreira, **Ata Sericologia, 34:** 23-25.

Sivagami Vadivelu. 1996. **Relatório sobre estudos de bioecologia e gestão de fitonematóides, associados à amoreira.** Universidade Agrícola de Tamil Nadu, Coimbatore, Tamil Nadu, pp. 34.

Sobita Devi, L e R.C. Pandey. 2001. Bioagentes para a gestão de *Meloidogyne incognita* e *Fusarium oxysporum* f.sp. *ciceri* em grão-de-bico (Resumo), pp. 147-148. **In: Congresso Nacional sobre o "Centenário da Nematologia na Índia: Avaliação e Planos Futuros".** Realizado na Divisão de Nematologia, Instituto Indiano de Investigação Agrícola, Nova Deli, Índia, 5-7 de dezembro. 2001.

Sobita Devi, L. e M.G. Hassan. 2002. Efeito de adubos orgânicos isolados e em combinação com *Trichoderma viride* contra o nemátodo do nó da raiz (*Meloidogyne incognita*) da soja (*Glycine max* L. Mriil). **Indian Journal of Nematology, 32:** 190-192.

Sobita Devi, L. e R. Sharma. 2002. Effect of *Trichoderma* spp. against root knot nematode

Meloidogyne incognita on tomato. **Indian Journal of Nematology, 32:** 227-228.

Sobita Devi, L. e U. Dutta. 2002. Effect of *Pseudomonas fluorescens* on root knot nematode (*Meloidogyne incognita*) of okra plant. **Indian Journal of Nematology, 32:** 215-216.

Spiegal, Y., E. Cohn, S. Galper, E. Sharon e I. Chet. 1991. Avaliação de uma bactéria recentemente isolada, *Pseudomonas chitinolytica* sp. nov. para o controlo do nemátodo das galhas radiculares, *Meloidogyne javanica.* **Biocontrol Science and Technology, 1:** 115-125.

Srinivasan, N., S. Parameswaran, R.P. Sridar, C. Gopalakrishnan e P. Gnanamurthy. 2001. Bioagente de *Meloidogyne incognita* em açafrão-da-terra. Trabalho apresentado no **Congresso Nacional sobre o "Centenário da Nematologia na Índia: Appraisal and Future Plans"** realizado na Divisão de Nematologia, Instituto Indiano de Investigação Agrícola, 5-7 de dezembro, Nova Deli, Índia, p. 165.

Srivastava, A.K. e R.B. Singh. 1990. Efeito da alteração orgânica na interação de *Macrophomina phaseolina* e *Meloidogyne incognita* no feijão francês (*Pheseolus vulgaris*). **New Agriculturist, 1:** 99-100.

Suarez, H.Z., L.C. Rosales e A. Rondon. 1999. Efeito sinérgico dos fungos *Macrophomina* e *Fusarium* com os nematóides das galhas *Meloidogyne* spp. no declínio da goiabeira. **Nematologia Mediterranea, 27:** 79-82.

Tian, H. e R.D. Riggs. 2000. Effect of rhizobacteria on soybean cyst nematode *Heterodera glycines.* **Journal of Nematology, 32:** 377-388.

Tiyagi, S.A., S.B. Zaidi e M.M. Alam, 1988. Interação entre *Meloidogyne javanica* e *Macrophomina phaseolina* em lentilhas. **Nematologia Mediterranea, 16:** 221-222.

Tokio, T., N. Harashima e M. Kikuchi. 1968. Controlo de nemátodos pela aplicação de nematicidas nos campos de amoreira. **Ata Sericulture, 68:** 106-115.

Tu, C.C. e Y.H. Cheng. 1971. Interação de *Meloidogyne javanica* e *Macrophomina phaseolina* na podridão radicular do kenaf. **Journal of Nematology, 3:** 39-42.

Umamaheswari, R., M. Sivakumar, S. Subramanian e R. Samiyappan. 2004. Indução de resistência sistémica por tratamento com *Trichoderma viride* em greengram (*Vigna radiata*) contra o nemátodo do nó da raiz *Meloidogyne incognita.* **Nematologia atual, 15:** 1-7.

Usha Rani, B. e S. Kumar. 2001. Eficácia de botânicos e microbianos contra o nemátodo do nó da raiz de bhendi. **Trabalho apresentado no seminário nacional sobre "Emerging Trends in pests and Disease and their Management"** realizado na Tamil Nadu Agricultural University, Coimbatore, Índia, 11-13 de outubro de 2001, pp. 173.

Verma, K.K., D.C. Gupta e I.J. Paruthi. 1999. Ensaio preliminar sobre a eficácia de *Pseudomonas fluorescens* como tratamento de sementes contra *Meloidogyne incognita* em tomate. **In: Proceedings of National Symposium on rational approaches in nematode management of sustainable agriculture** held at Anand, from November 23-25, 1998. pp. 79-81.

Webster, J.M. 1985. Interação de *Meloidogyne* com fungos em plantas cultivadas. **In: An advanced treatise on *Meloidogyne***. J.N. Sasser e C.C. Carter (Eds.), North Carolina State University, EUA, pp. 183-192.

Weller, D.M. 1988. Biological control of soil brone plant pathogens in the rhizosphere with bacteria. **Revisão Anual de Fitopatologia, 26:** 379-407.

Xiujuan, Y., H. Yuxian, C. Furr e Zhengliang. 2000. Isolamento e seleção de fungos da massa de ovos de *Meloidogyne* sp. Província de Fujian. **Fujian Journal of Agricultural Sciences, 15:** 1215.

Yoshida, S., D.A. Forno e J.H. Cock. 1971. **Laboratory manual for physiological studies of rice.** IRRI, Filipinas, pp. 36-37.

Printed by Books on Demand GmbH, Norderstedt / Germany